神秘的山麓

——『军山自然生态区』调查报告

主编 曹玉星

U0390043

东南大学出版社
SOUTHEAST UNIVERSITY PRESS
·南京·

内容提要

长江入海口北岸,南通市辖区之东南方,滨江而立着五座山,最东面的一座海拔最高,称为军山,其山形向东南方向呈弧状绵延,形成一个天然的半环形小山坳。多年来,该区域未有人为干扰。得天独厚的自然地理环境,绝佳的山光水色,使其保持了独特的自然原生态。在科学发展观思想指导下,2010年8月,南通博物苑成立"军山自然生态区"调查课题组,专门对军山东南麓面积约8.2公顷的自然生态区域进行了系统调查,旨在通过实地调查研究,采得第一手资料,探索生物多样性的保护,从而为传承自然生态历史文化,提升长江入海口自然地理景观等提供科学数据,为创意规划江海平原自然生态区建设提供新模式。

图书在版编目(CIP)数据

神秘的山麓:"军山自然生态区"调查报告/ 曹玉星
主编. —南京:东南大学出版社,2012.12
　　ISBN 978-7-5641-3992-6

　　Ⅰ.①神… Ⅱ.①曹… Ⅲ.①山—生态区—生态环境
—环境保护—调查报告—南通市 Ⅳ.①S759.992.533

　　中国版本图书馆CIP数据核字(2012)第300696号

神秘的山麓

——"军山自然生态区"调查报告

主　　编:曹玉星
出版发行:东南大学出版社
社　　址:南京市四牌楼2号　邮编:210096
出 版 人:江建中
网　　址:http://www.seupress.com

印　　刷:江苏省南通印刷总厂有限公司
排　　版:江苏凤凰制版有限公司
开　　本:787mm×1094mm　1/16　印张:9.25　字数:202千字
版　　次:2012年12月第1版
印　　次:2012年12月第1次印刷
书　　号:ISBN 978-7-5641-3992-6
定　　价:69.80元

经　　销:全国各地新华书店
发行热线:025-83791830

本社图书若有印装质量问题,请直接与营销部联系。电话:025-83791830

编 辑 委 员 会

序

2010年8月，南通博物苑成立了"军山自然生态区"调查重点课题组，专门对军山东南麓面积约8.2公顷的自然生态区域进行了系统调查，这是南通博物苑结合自身专业特点做的一项很好的研究工作，也是南通生态文化环境保护的基础工作之一。

通过两年多时间的调查，初步厘清该区域物种种类，有389种植物，在这些植物资源中，有6种国家重点保护植物，有食用植物200多种，药用植物160多种，工业用植物27种，油脂植物17种，景观植物114种。动物种类220多种，鸟类82种，昆虫117种，其中蛾类、蝶类各40多种，其它两栖类、爬行类、兽类、甲壳类、鱼类等数十种。有人文景观：象鼻岩、大山门崖、招鹤崖、落星岩、试剑岩、分水石、雷轰石、姊妹石、叠锦峦、鹰嘴峰、蹑云蹬、燕真人洞、白云洞、防空洞、刘郎路、张公坡、朴榆湾、乱石湾、水云窝、四贤祠、包公祠、普陀别院、董其昌碑刻、云泉寺、气象台、扪月亭、承露台、松影台、炼丹台、望江台、饮马池等31处。近代历史建筑东奥山庄（待恢复建设）1处，历史旧迹：军山洪、大山茶湾、小山茶湾、狮子窟、穿风洞、卧云窟、桃花峪、白云泉、蛇鱼坟、乳乳泉、六和塔、塔院泉、左山书屋、望江楼等14处。采集制作了动植物标本，建立了科普档案，对资源进行了很好的分析研究，提出了保护利用建议。

无论作为博物馆还是植物园，学术研究水平是立家之根本，近年来，苑内以曹玉星同志为主的研究团队，抓住自然博物的特色，与苑外科研单位合作，多次申报成功市级以上课题，并获得自然科学、哲学社会科学成果奖，这是博物苑加强学术研究的可喜之处。

近代文明的每一个进程，几乎都伴随着对自然的破坏，在人与自然的抗争中，人类逐步认识到与自然和谐共处的必要。二十一世纪，保护大自然的生态环境，维护生物的多样性，已成为全球性的共同话题。众多的研究显示，生态环境是一个区域可持续发展的原生力。由此,人们将一个城市生态环境的优劣作为衡量该城市文明程度的重要标尺。

南通正在加快落实"八项工程",实现"八个领先",促进经济长期平稳较快发展、社会和谐稳定、人民生活幸福,奋力在江苏江北率先基本实现现代化、奋力建设长三角北翼经济中心,加快建设江海交汇的现代化国际港口城市,加快建设经济实力和创新能力较强的特大城市,加快建设国内一流的生态宜居城市。实现这些宏伟的目标,需要在众多领域有前瞻性的规划,尤其需要良好的生态环境作为保障。

"军山自然生态区"调查工作,有助于了解生态环境的真实状况,厘清南通物种种类,具有生态环境保护的科学前瞻意义。同时,军山具有丰富的人文历史资源,与张謇相关的人文遗迹,都是南通重要的文化遗产。"军山自然生态区"调查工作取得了阶段性的研究成果,希望南通生态保护工作——自然生态和人文生态保护工作,与经济建设和城市发展比翼齐飞。

陆亮

2012年12月8日

目 录
Contents

序 陆光

壹 ◎调查背景

长江入海口北岸的南通市东南面滨江绵延着五座山，其中军山为五山中最高的一座山，也是长江北岸最东面的一座山。相传，在军山尚为海中岛屿时，曾为秦王屯兵之地，因形似伏象，又名象山。军山山形略呈南北走向，至北段，又延伸东去，折颈之处，是大山门崖。大山门崖在山北，为普陀岩，其岩叠出如屋檐，上军山一般从此入，故此处又称"山门"，石刻"大山门崖"四字为民国年间所刻，山门东石壁有海平面标记石刻，山门西有《气象台新路记》石刻，均为张謇亲题。普陀岩上方旧有一枝庵，为军山咽喉，山路即从庵前过。普陀岩东，岩壁之上，昔时长有众多山茶，东半部花型大，故称大山茶湾。西半部花型略小，为小山茶湾。当山麓多水时，山花倒映水波，非常美丽。

2007年8月14日，南通籍著名考古学、古人类学专家周国

兴在《江海晚报》发表署名文章《给野生生物一席生存之地》。谈到军山以南地区丰富的野生动植物资源,文章最后写道:"我向全社会呼吁:给野生生物一席生存之地!请建立军山南麓自然生态保留地或生态公园。"

2007年10月15日,《南通日报》刊登记者苗蓓的专访《创建生态市应保护更多原生态景观——访南通籍著名考古学、古人类学专家周国兴》一文,周国兴,江苏南通人,退休前为北京自然博物馆总工程师、研究员、教授。在该专访中,周国兴指出:"就历史文化遗产保护而言,南通当务之急是要做好唐闸工业遗产的保护和规划……尽快建立军山南麓自然生态保留地或生态公园。"他呼吁:"这是保护一份集体的记忆,是对城市与自然环境演化历史沧桑的记忆!"周国兴认为,从军山南麓的姊妹石至东麓的炼丹台一带,不仅有姊妹石、饮马池、炼丹台等人文景观,还有丰富的自然景观,如地质景观有:典型的沉积岩层理构造、山崖崩塌后的坡积岩石群、流星雨陨石坠落处的落星岩等,此外,军山还有极为丰富的野生动、植物生态资源,综合评价军山,是江海平原难得一见的原始"生物天堂"、一份不可多得的自然历史遗产。

周国兴的这一观点与中国农业技术学院专家的认识不谋而合。在此文报道之前,中国农业技术学院专家曾考察过这片区域,他们认为,军山的原始生态在江海平原上具有唯一性,植物种群具有亚热带植物区系北缘的特征,军山的自然生态环境一旦被破坏,将难以恢复。

2009年5月2日,南通中学百年校庆,庆典之际,周国兴作为南通中学杰出校友之一,应邀与时任南通市委书记的罗一民等市领导座谈,在座谈发言时,周国兴简述了军山东南麓自然生态保留地的价值,建议市政府建立"军山自然生态保护区"加以保护。周国兴的建议引起与会市领导的高度重视。

对军山的关心,在本市一批老领导、资深知识分子中也引起了共鸣。2009年5月6日,时任南通市市长丁大卫在回复朱剑、程亚明等市老领导《关于建立军山原生态公园的一封信》(详见附录1)上作出了批示:"请朱市长、市规划局速阅、研,提出建议。"要求立即建立专门调查组进行科学论证。2009年5月7日,时任市委常委、常务副市长的蓝绍敏与副市长杨展里、朱晋等市领导亲自率领文化、规划等部门和崇川区政府相关负责人,邀请周国兴和本地部分专家、学者一同前往军山南麓进行实地踏访。此次调访工作，产生极大反响，市电视台、日报、晚报等媒体均作了专门报道。这次调查，明确提出了组建军山自然资源调查组的决定。考察所见保留地内确实生存了众多的野生动植物，极其珍贵，在我国都市圈内十分罕见。周国兴教授对如何保护这块自然生态保留地提出了科学建议，得到了市领导的高度重视。根据丁市长批示精神和蓝、杨、朱副市长的要求，市规划局马啸平局长带领局有关人员也先后三次进行实地调研，并召开专题办公会议进行深入研究。市规划局认为，两位老领导提出在军山南麓建设原生态公园的设想总体可行，并提出了初步建议和方案。

在市领导的重视下，文化、规划等有关部门就着手开展军山物种调查、军山生态资源综合调查、军山保护规划方案的制订等事项，提出了初步建议和方案。

2009年5月18日，《南通日报》记者组在A1版头条专题报道："古人类学家周国兴等历经十年探访发现军山东南麓存有一片自然生态保留地，堪称江海平原上难得的野生生物基因库，具有作为人类自然历史遗产保护的价值。"

之后，有关报刊也做了相关报道。

2009年5月18日《南通日报》的报道

军山南麓：
都市圈内罕见自然生态保留地

晚报讯 昨天上午，市委常委、副市长蓝绍敏，副市长杨展里，副市长朱晋，与我国著名博物学家周国兴一起来到五山风景区的军山南麓自然生态保留地进行实地考察。据了解，目前军山南麓集聚的多种自然野生资源，极其珍贵，在我国都市圈内十分罕见。

军山南麓虽占地不多，但野生种类繁多。据周国兴教授介绍，经他多年考察，军山南麓是一块野生生物基因库。目前，这块自然生态保留地内，除自然生长有梓树、野胡萝卜(蛇麻子)、野豇豆、野芝麻等古老植物物种外，四季还可以看到兽类的刺猬、黄鼬、豹猫、草兔；鸟类的白胸苦恶鸟、画眉、红嘴相思鸟、大山雀、翠水鸡、两栖类的中华蟾蜍、树蛙...

2009年5月8日《江海晚报》的相关报道

责任编辑·吴嘉 电话：85118937 校 对吴燕 组版：毛益民

视觉

军山东南麓珍稀野鸟丽影

2009年6月2日《南通日报》的相关报道

视点

军山东南麓自然生态保留地

2009年5月18日《南通日报》的相关报道

新民晚报 E-mail:mcsj@wxjt.com.cn 24小时读者热线：962288 长三角·文化·旅游 2009年6月2日 星期二 责任编辑蔡智顺 视觉设计 黄頔 B3

特约记者 蔡云飞

动植物资源丰富 各物种和谐共生
南通有片自然生态保留区

北京自然博物馆南通籍教授周国兴历经10年探访发现，位于南通狼山风景区内的军山东南麓山坳内，存有一片自然生态保留区，区域内动植物资源丰富，各物种和谐共生。周教授授予其为"江海平原上难得的野生生物基因库"，具有作为人类自然遗产进行保护的价值。

军山前世今生

南通沿江颇延而立五座山，其中军山为五山中最南的一座山，也是长江北岸最东面的一座山。

当年，军山内神中剑相同，相传曾为秦王屯兵之地而得名军山，相传军山、山外根依旧热闹成一幅八卦图。著名诗人家董其昌在这...

专家惊人发现

周到系是我国著名古人类学家、博物学家，从事人类学和博物学研究长达35年。

2009年6月2日《新民晚报》的相关报道

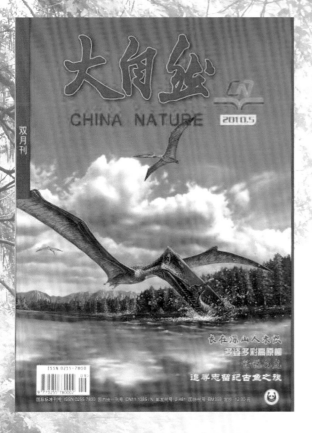

《大自然》杂志刊登的南通军山东南麓自然生态保留地相关文章

2010年5月，在中国自然科学博物馆协会，中国野生动物保护协会和北京自然博物馆主办的《大自然》杂志（China Nature）第5期上发表了三篇文章宣传军山东南麓自然生态保留地，在总题目《关注城市中的生物多样性》下三篇文章为：《都市中的野生生物基因库》、《喧嚣都市中的自然生态保留地》和《南通军山东南麓鸟类剪影》以及封二图版《南通军山掠影》。在《都市中的野生生物基因库》一文中，周国兴强调："我认为，军山东南麓自然原生态保留地的特色和价值不在于其珍稀性，也不在于有多少一级或二级保护动物或植物，而在于其在特定的环境中保留了江海平原的物种多样性。在这样一片不大的空间里，不但野生动植物的种类极其繁多，而且在众多不同的小生境中，不少优势植物形成了不同的群落，彼此相嵌共存，并与生活其中的动物形成了紧密的依附关系。随着季节的变化，生物群落的面貌不断变化，让我们看到一个生机勃勃、不断发展的原生态环境。在地处亚热带植物区系北缘的江海平原上，它是唯一的、不可多得的都市中的'野生生物基因库'，更具有世界自然遗产的价值。这片区域不仅是南通或中国东部江海平原地区的，更是全人类的一份珍贵的自然历史遗产。"

2010年4月9日《南通日报》、《江海晚报》的相关报道

摸清军山自然生态园"家底"

2010年9月17日《南通日报》报道博物苑启动军山生态调查

2009年11月，曹玉星等在《现代农业科技》发表《军山自然生态园保护规划探讨》论文，2011年12月8日，该论文获得南通市政府第十次哲学社会科学优秀成果奖。

2012年8月17日，南通市风景园林学会在狼山园博园茶艺精舍会议室召开了军山东南麓植物生态保护研讨会

　　2009年5月，市文化、规划等有关部门在市政府指示下开展物种调查、保护方案的制订，2009年5月17日南通博物苑提出"关于建立'军山东南麓自然生态保护区'的建议方案"，2009年6月10日市规划局提出"关于军山原生态公园有关问题的建

议"，2009年7月20日南通市规划与文化局提出"'军山自然生态园'保护规划建议方案"。其间，南通市政府陆善平副秘书长专门召集相关部门会议，专题对军山自然资源进行调查的建议和方案进行了讨论，形成了新的共识。会议的主要内容有：

第一，关于名称问题。市规划局根据市领导在老同志的来信上的批示，用"军山原生态公园"，博物苑原方案用"军山东南麓自然生态保护区"，有关媒体报道时均用"军山东南麓自然生态保留地"。用"公园"嫌人工成分太浓，有悖军山东南麓自然生态保留地自然性，而且不利当前的保护和以后的发展，但用"自然保护区"尚嫌太早，因其园艺保护价值尚待进一步研究发掘，而且需要得到一定级别的政府批准，故用"军山自然生态园"称谓，或者用"军山自然生态区"，有利今后的发展。

第二，任务的落实问题。本次会议决定，要求南通博物苑牵头组织相关专家，着手进行军山生态资源（含人文资源）的详细调查，并要求通过调查形成报告，由市规划局会同文化局整合报告，提出军山保护的新方案，供市委市政府讨论决策。

2010年8月，南通博物苑成立了专门课题组，在军山进行了两年多的实地调查，初步完成调查报告：《神秘的山麓——"军山自然生态区"调查报告》。

贰 ◎ 区域概况

2.1 自然地理环境

南通市滨江绵延而立的五座山是狼山、剑山、黄泥山、马鞍山和军山，其中军山最高，海拔118m（狼山106.9m，剑山87.3m，黄泥山30.7m，马鞍山51.3m），为五山之最。

俯瞰军山，山水相依的自然景观构成一幅八卦图。

军山坐标为东经120°54′，北纬31°56′，地面标高在2.4~4.5m。是长江北岸最东面的一座山。山体地貌为残丘，由于地质构造运动的影响，残丘呈单面山状，南侧悬崖绝壁，气势恢弘。残丘顶部平顶或浑圆，山体基岩为碎屑岩沉积层，由灰白、紫红色中、细粒石灰砂岩，夹泥质粉砂岩或粉砂岩组成，形成于寒武纪中下世。山形呈括弧状，背依狼山，地括东南，形成天然的一个环形小山坳。山坡陡坡居多，一般大于50°。该自然生态区域具有得天独厚的自然地理环境，山光水色绝佳。

2.2 生物多样性原始丰富

该自然生态区域地处长江北岸，临近黄海，属北亚热带温暖亚带沿江气候区，气候为北亚热带季风气候，四季分明，雨水充沛，温暖湿润，夏无酷暑，冬无严寒，年平均温度在摄氏14.6至15.1度间，海洋性气候明显。

土壤主要是石灰质坡积冲积砾质土，以及黄棕壤和棕色石灰土等。植被为北亚热带植物区，全年植物生长期约为310天。

"军山自然生态区"即军山东南麓自然生态保留地的形成，生物多样性原始丰富的因素主要有三：

第一，得益于其得天独厚的自然地理环境。军山虽然不高，但地处一马平川的江海平原，冬天能阻挡寒风，特别是东南麓一带是一个环形的小山坳，成为过冬的动植物天然的庇护场所。在这里，原来的河流被分切数段，形成一条条小溪流，如历史上叫的"饮马池"等，共同构成的小型湿地生境，树种虽然很杂，但并不浓密，使得阳光能够充沛地照进来，形成了一个自然野生环境。

第二，军山东南麓自然生态保留地区域，人为因素干扰较少。该区域曾为部队训练营地，作为军事禁区，几十年里保持了一个相对稳定的、不受人为干扰的环境。没有除草剂、农药等污染，许多野生生物得以生存和保留。

第三，近年来周边景区大量开发，野生物种出于求生本能，必定要寻找新的庇护所，便迁移至开发少的军山。由此，鸟、昆虫等最活跃的生物都往这里聚集，植物的种子随着鸟类迁移，或被风吹过来，在这儿落地生根。

以上三条主要因素，导致军山成为生物多样性原始丰富的一块自然生态保留地。

周国兴教授给调查组与媒体记者现场阐述保护的意义

2.3 人文景观别具特色

军山上下人文景观有象鼻岩、大山门崖、招鹤崖、落星岩、试剑岩、分水石、雷轰石、姊妹石、叠锦峦、鹰嘴峰、蹑云蹬、燕真人洞、白云洞、防空洞、刘郎路、张公坡、朴榆湾、乱石湾、水云窝、四贤祠、包公祠、普陀别院、董其昌碑刻、云泉寺、气象台、扪月亭、承露台、松影台、炼丹台、望江台、饮马池等等31处（《通州志》、《五山志》上对此有记载）。近代历史建筑东奥山庄1处（待恢复建设）坐落该区域，另外历史旧迹还有：军山洪、大山茶湾、小山茶湾、狮子窟、穿风洞、卧云窟、桃花峪、白云泉、蛇鱼坟、乳乳泉、六和塔、塔院泉、左山书屋、望江楼等14处。

军山顶上的气象台为清末状元、实业家张謇1913年所建。军山气象台开国人自办近代气象事业风气之先，被称为"中国最早的气象台"之一。登上气象台，军山、狼山、剑山、马鞍山、黄泥山、四山美景尽收眼底。

叁 ◎调查范围

目前，军山自然生态区，确切地讲主要是指军山东南麓的一块区域。本次调查区域如下图中绿线以内区域，总面积约8.2公顷。该区域是军山自然生态区的核心区域。

"军山自然生态区" 首期要保护的范围是如图所示15.8公顷的区域范围。该区域又可分两部分，如桃核的两瓣，其中一瓣，是核心区域，以东奥山庄东侧小路为界，小路的西侧与军山山体之间围合区域。该区域内自然植被丰富，极具原生态观赏性。面积约8.2公顷。其中另一瓣，是缓冲区域，小路东侧与护山河之间的区域，面积约为7.6公顷，该区主要是原狼山植物园的人工苗圃和一些民居等。

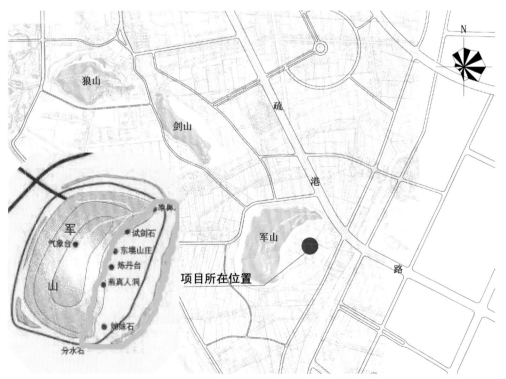

"神秘的山麓——军山自然生态区"调查区域示意图

长 江

疏 港

军山

"军山自然生态区"核心区域示意图

军山自然生态区就像一块天然翡翠镶嵌在长江入海口北岸

肆 ◎资源调查

4.1 调查概况

根据《"军山自然生态园"保护建设规划方案》和相关前期工作,为进一步对"军山自然生态区"的自然生态资源(包括人文资源)做详细的调查研究,在上级有关部门和领导的关心下,在社会热心人士的关注和支持下,2010年上半年,南通博物苑将军山资源调查研究项目作为重点课题,正式立项启动了该项研究工作。

调查工作组建立了强有力的工作班子,由博物苑领导挂帅,聘请多名专家教授作指导,成立了南通博物苑"军山自然生态区"保护调查研究课题工作小组。工作组成立后,不定期召开"军山自然生态区"保护研究课题工作会议,听取各方面建议和工作情况,分析部署研究工作;工作小组每月至少集中一周左右时间到"军山自然生态区"进行自然生态资源的实地详细调查。课题工作组还在军山建立了临时工作站,分昆虫、鸟类、植物、标本等小组,分工协作,全面进行观察、拍摄、测量、采集、记录、统计、绘图等工作。这些工作到2011年底初步告一段落,2012年进行了必要的季节性复核补充。现将调查初报汇编成册,供研究、决策参考。

4.2 初步成果

通过两年多时间的调查,初步厘清该区域物种种类,有389种植物(详见附录2"军山自然生态区"主要植物名录总表),在这些植物资源中,有6种国家重点保护植物,有食用植物200多种,药用植物160多种,工业用植物27种,油脂植物17种,景观植物114种(详见附录3"军山自然生态区"植物资源特点分析)。

科研人员在调查记录

发现锹甲

锹甲（锹甲科Lucanidae约900种甲虫的统称）

周国兴教授指导调查工作

初步厘清该区域的动物种类220多种，鸟类82种，昆虫117种，其中蛾类、蝶类各40多种，其它两栖类、爬行类、兽类、甲壳类、鱼类等数十种 (详见附录4"军山自然生态区"主要动物名录总表)。通过初步调查分析，该区域小型野生动物也呈多样性。

昆虫类：瓢虫、蜘蛛、蛾类、蝶类等。

哺乳动物类：刺猬、黄鼬等。

两栖动物类：青蛙、姬蛙、中华蟾蜍等。

爬行动物类：蜥蜴、各种蛇类等。

甲壳类动物类：蝲蛄、螃蟹等。

鱼类：鳅、鲤、鲫、鳝鱼、草鱼、圆尾斗鱼等。

军山一带的野生鸟类有留鸟、候鸟、旅鸟、迷鸟等多达80多种，几乎占江海平原鸟类品种的一半，常见的有：棕头鸦雀、珠颈斑鸠、乌鸫、麻雀、普通翠鸟、北红尾鸲、戴胜、黑尾蜡嘴雀、白头鹎、灰喜鹊、白腰文鸟、白鹡鸰、暗绿绣眼鸟、夜鹭、白鹭、小䴙䴘、家燕、北灰鹟、大山雀、黄雀、画眉、栗头鹀、三宝鸟、绿鹦嘴鹎、松鸦、环颈雉、杜鹃、斑鸠等。其中国家二级保护鸟类有隼科的红隼、灰背隼，鸱鸮科的长耳鸮。

另外人文景观有：象鼻岩、大山门崖、招鹤崖、落星岩、试剑岩、分水石、雷轰石、姊妹石、叠锦峦、鹰嘴峰、蹑云蹬、燕真人洞、白云洞、防空洞、刘郎路、张公坡、朴榆湾、乱石湾、水云窝、四贤祠、包公祠、普陀别院、董其昌碑刻、云泉寺、气象台、扪月亭、承露台、松影台、炼丹台、望江台、饮马池共31处。近代历史建筑东奥山庄（待恢复建设）1处，历史旧迹：军山洪、大山茶湾、小山茶湾、狮子窟、穿风洞、卧云窟、桃花岭、白云泉、蛇鱼坟、乳乳泉、六和塔、塔院泉、左山书屋、望江楼14处。

调查研究工作测量、绘制了各种地形、植被、人文等图表，拍摄了大量动植物、生态生境图片、视频，还采集制作了动植物标本，建立了科普档案，重点对植物资源进行了系统的分析研究，对生态保护提出了可行性分析和建议。

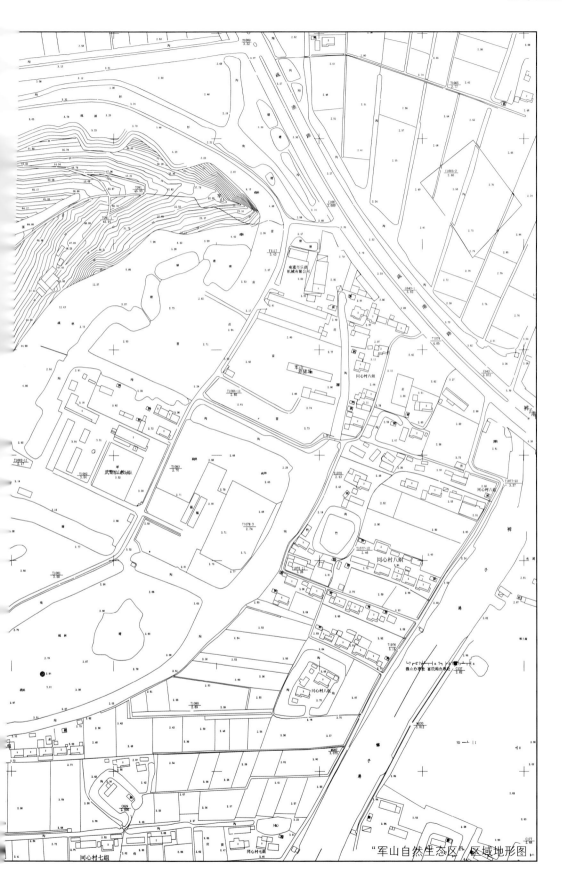

"军山自然生态区"区域地形图

『军山自然生态区』植被分布图

SCALE 1：1000

图例表

军山东南麓自然生态区
植被调查分布图

『军山自然生态区』主要人文景点分布图

N

SCALE 1: 1000

审核	日期	调查人员	日期	绘制	日期
曹玉星	2011.12	课题组全体成员	2011.12	葛广琳 丁成光等	2011.12
"军山自然生态区" 人文景点分布图		课题项目	南通博物苑军山东南麓自然生态资源调查		
		人文景点分布图		日期	2011.12

花草藤木　绿野璘彬

花
草
藤
木
绿
野
璘
彬

野芝麻 *Heterolamium debile*

蛇莓 *Duchesnea indica*

宝盖草 *Slamium amplexicaule*

苣荬菜 *Sonchus brachyotus*

花草藤木 绿野瑞彬

茅莓 *Rubus parvifolius*

活血丹 *Glechoma longituba*

野胡萝卜 *Daucus carota*

诸葛菜 *Orychophragmus violaceus*

石蒜 *Lycoris radiata*

花草藤木

绿野璘彬

野大豆 *Glycine soja*

毛酸浆 *Physalis pubescens*

野蔷薇 *Rosa multiflora*

大巢菜 *Vicia sativa*

酢浆草 *Oxalis corniculata*

蒲公英 *Taraxacum officnala*

花草藤木绿野瑞彬

金疮小草 *Ajuga decumbens*

筋骨草 *Ajuga ciliata*

地锦苗 *Corydalis sheareri*

小蓟 *Cirsium setosum*

大蓟 *Cirsium japonicum*

鹿藿 *Rhynchosia volubilis*

何首乌 *Fallopia multiflora*

花草藤木 绿野瑞林

薯蓣（野山药）*Dioscorea opposita*

刺柏 *Juniperus formosana*

海金沙 *Lygodium japonicum*

榉树 *Zelkova serrata*

花草藤木

绿野铮枞

枸橘 *Poncirus trifoliata*

花椒 *Zanthoxylum bungeanum*

柞树 *Xylosma racemosum*

香樟 *Cinnamomum camphora*

水杉 *Metasequoia glyptostroboides*

枫香 *Liquidambar formosana*

银杏 *Ginkgo biloba*

花草藤木绿野臻彬

池杉 *Taxodium ascendens*

白花梓树 *Catalpa ovata* (与爬山虎)

乌桕 *Sapium sebiferum*

朴树 *Celtis sinensis*

枫杨 *Pterocarya stenoptera*

鸟虫世界　千姿百态

红隼　*Falco tinnunculus*

雀鹰　*Accipiter nisus*

大杜鹃 *Cuculus canorus*

赤腹鹰 *Accipiter soloensis*

鵟 *Buteo*

苍鹰 *Accipiter gentilis*

普通鵟 *Buteo buteo*

喜鹊 *Pica pica*

灰喜鹊 *Cyanopica cyana*

三宝鸟 *Eurystomus orientalis*

虎斑地鸫 *Zoothera dauma*

栗头鳽 *Gorsachius goisagi*

鸟虫世界千姿百态

珠颈斑鸠 *Streptopelia chinensis*

大山雀 *Parus major*

纺织娘 *Mecopoda elongata*

食蚜蝇 *Syrphus nitens*

蜘蛛 Araneida

瓢虫 *Coccinell anovemnotata*

胡蜂 *Vespa manderinia*

蝗虫 Acrididae

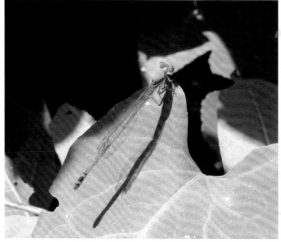

豆娘 Caenagrion

蜻蜓 Odonata

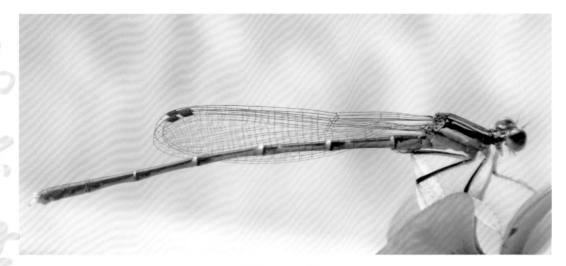

蟌 Coenagrionidae

螳螂 Mantidea

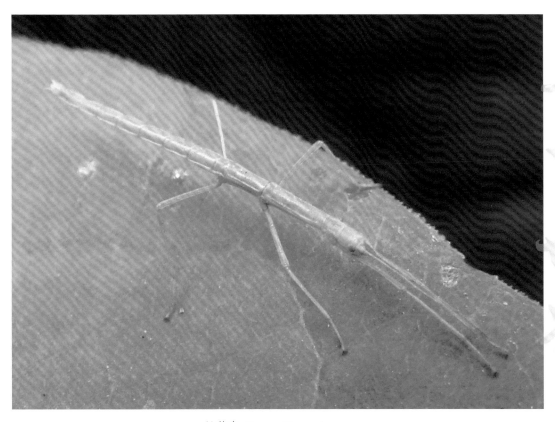

竹节虫 *Gongy 10pus adyposus*

成虫   若虫

斑衣蜡蝉 *Lycorma delicatula*

山麓生境　原始神秘

红蓼 *Polygonum orientale* 与鸭跖草 *Commelina communis*

苦苣菜 *Sonchus oleraceus* 与诸葛菜 *Orychophragmus violaceus*

菖蒲 *Acorus calamus* 与芦苇 *Phragmites australis*

野豌豆 *Vicia sepium* (或小巢菜 *Vicia hirsuta*)　　　　窃衣 *Torilis scabra*

回顾历史——想起过去曾经的生活，
未被污染的河水，可以淘米洗衣服。

回归自然——实现更高的文明是我们不懈的追求。

回味生活——简单、和谐、幸福。

同样的阳光，洒向这片空间是如此美丽！

神秘的山麓，美丽的生境

沼泽

河流

山坳

山崖

探究原始神秘的山麓生境

沉积岩层

保护原始神秘的山麓生态

群落生物 和谐共生

大蓟 *Cirsium japonicum* 与食蚜蝇 *Syrphus nitens*

葱兰 *Zephyranthes grandiflora* 与蛾（幼虫）

接骨草 *Elatostema stewardii* 与青凤蝶 *Graphium sarpedon*

芒草 *Miscanthus sinensis* 与白蛾

蝴蝶蛹

沿阶草与野生菌

构树 *Broussonetia papyrifera* 与瓢
虫 Coccinellinae

竹子 Bambusoideae 与蜗牛 *Achatina flica*

梓树 *Catalpa ovata* 与爬山虎 *Parthenocissus tricuspidata*

蜘蛛 Araneida 与豆娘 Caenagrion

沿阶草 *Ophiopogon japonicus*，络石 *Trachelospermum jasminoides* 与野生菌　　　　筋骨草与真菌

蟛蜞 *Sesarma dehaani*

蛇 *Dendroaspis polylepis*

蜈蚣 *Scolopendra subspinipes*

蟾蜍 *Pelophylax nigromaculata*

姬蛙 *Microhyla berdmorei*

人文景点　底蕴丰厚

人文景点

底蕴丰厚

苍玉笏

姊妹石

炼丹台

人文景点　底蕴丰厚

饮马池

白云洞

燕真人洞

长江水准点   东奥山庄

植物标本

荻 *Triarrherca sacchariflora*

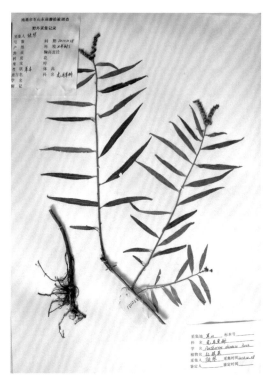

扯根菜 *Lysimachia clethroides*

丛枝蓼 *Polygonum caespitosum*

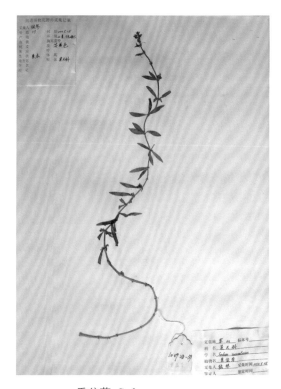

垂盆草 *Sedum sarmentosum*

大果榉 *Zelkova sinica*

地肤 *Kochia scoparia*

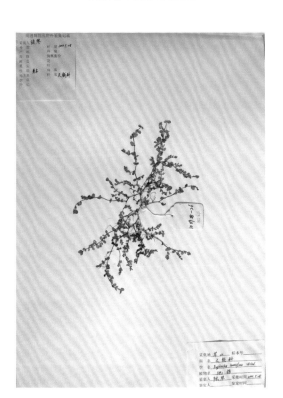

地锦 *Parthenocisus tricuspidata*

地钱 *Marchantia polymorpha*

枫杨 *Pterocarya stenoptera*

小叶海金沙 *Lygodium microphyllum*

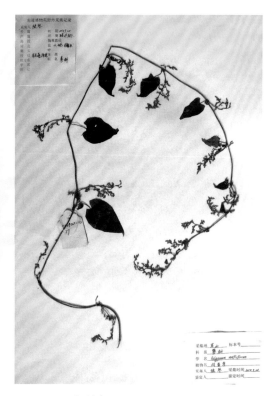

何首乌 *Fallopia multiflora*

虎杖 *Polygonum cuspidatum*

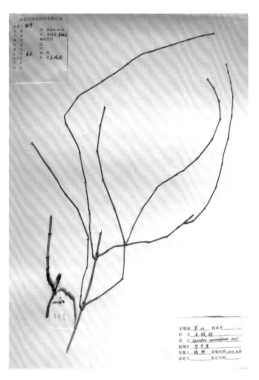

节节草 *Equisetum ramosissimum*

菊芋 *Jerusalem artichoke*

全缘贯众 *Cyrtomium falcatum*

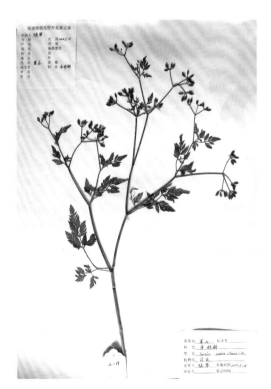

窃衣 *Torilis scabra*

水蓼 *Polygonum hydropiper*

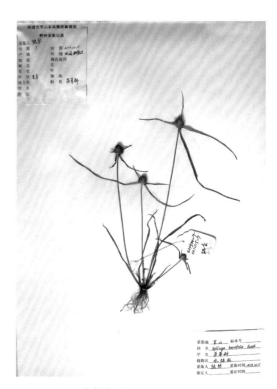

水蜈蚣 *Begonia palmata*

蜀葵 *Althaea rosea*

珊瑚樱 *Solanum pseudocapsicum*

碎米荠 *Cardamine hirsuta*

瓦韦 *Lepisorus thunbergianus*

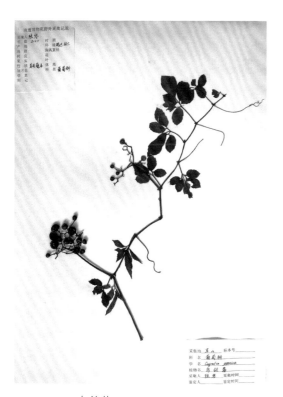

乌蔹莓 *Cayratia japonica*

豨莶 *Siegesbeckia orientalis*

小果蔷薇 *Rosa cymosa*

鸭跖草 *Commelina communis*

杨子毛茛 *Ranunculus sieboldii*

野菊 *Chrysanthemum indicum*

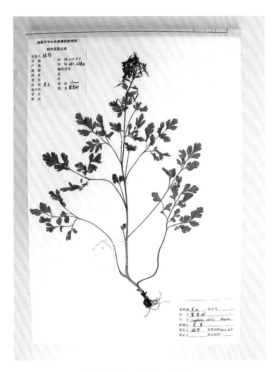

紫堇 *Corydalis edulis*

芦苇 *Phragmites australis*

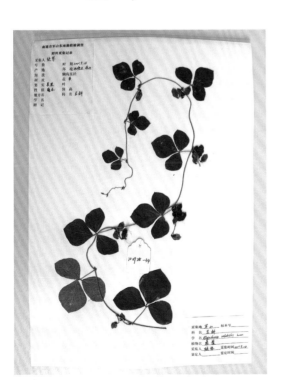

鹿藿 *Rhynchosia volubilis*

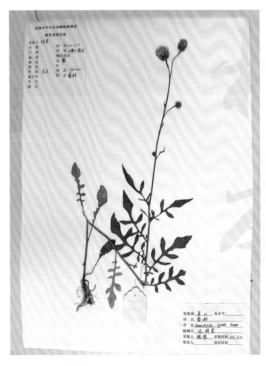

泥胡菜 *Hemistepta lyrata*

动物标本

斑衣蜡蝉 *Lycorma delicatula*

碧凤蝶 *Papilio bianor*

稻眼蝶 *Mycalesis gotama*

粉碟 Pieridae

柑橘凤蝶 *Papilio xuthus*

蛱蝶 Nymphalidae

金凤蝶 *Papilio machaon*

蝴蝶 Rhopalocera（未定种）

豆娘 Caenagrion

豆天蛾 *Clanis bilineata*

沟叩头甲 *Pleonomus canaliculatus*

广翅蜡蝉 *Ricania speculum*

动
物
标
本

蝉 Cicadidae

蟪蛄 *Platypleura kaempferi*

胡蜂 Vespidae

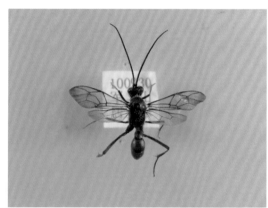

姬蜂 Ichneumonqnidae

蜜蜂 Apoidea

雀蛾 *Cephonodes hylas*

丝棉木金星尺蠖 *Calospilos suspecta*

舟蛾 Notodontidae

透翅蛾 Aegeriidae

蝗虫 Acrididac

蟋蟀 Gryllidae

天牛 Cerambycidae

动物标本

螽蟖 *Holochlora nawae*

蚱蜢 Acrida

螳螂 Mantidea

伍 ◎目标与构想

5.1 保护范围

根据对"军山自然生态区"初步调查和实际情况，首期主要要重点保护的规划范围是：从军山东边景区主入口门开始，沿军山护山河向南至南侧军山景区与外部的围墙处，整个区域呈梭子形状，又如桃核形状，总面积15.8公顷（含军山护山河，不含军山山体）。

5.2 区域划分

"军山自然生态区"首期要重点保护的15.8公顷范围，该区域自然又分两半，如桃核的两瓣，其中一瓣，是核心区域，以东奥山庄东侧小路为界，小路的西侧与军山山体之间围合区域。该区域内自然植被丰富，极具原生态观赏性。面积约8.2公顷。其中另一瓣，是缓冲区域，小路东侧与护山河之间的区域，面积约为7.6公顷。

外围实践控制区域，包括军山山体和军山护山河以内区域约52公顷，军山山体上有更多珍贵的植物种群和群落以及重要的历史人文的建、构筑物，加上外围实践控制区域"军山自然生态区"就更完整。然后根据发展情况，还可以从缓冲区向东南及西

南至裤子港河包含同心村一组（南通海事局）、同心村五组至军山十二组（山水路）等更为宽广的区域约100多公顷的范围，规划控制起来，将来建设**南通公共植物园**、**自然博物馆**等生态型公共文化、科研、旅游设施，提升南通文化景观，也是对"军山自然生态区"最好的保护。

5.3 功能性质

（1）保护研究

在核心保护区域内以保护植物生存环境的原真性为原则，不得破坏任何现有植被物种与群落，使之形成良好的生态循环链。

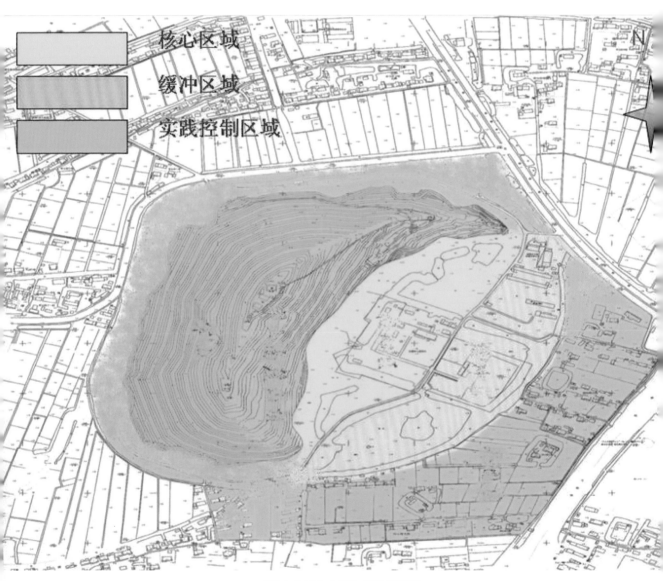

核心区域

缓冲区域

实践控制区域

"军山自然生态区"保护规划图

建议少建局部悬空木栈道，以保持地面原有的植物肌理和有利科研人员的科研活动。

（2）科普教育

对原东奥山庄稍作整理，形成小型生态博物馆，展示该区域独特的生物标本，供学者与游人研究参观。在东奥山庄合适位置建少量向核心保护区域延伸的木栈道观赏点。

（3）旅游参观

迁出缓冲区域内现有民房，按照"地方性、历史性、珍稀性、观赏性"原则引进适合本地野生的植物品种，逐步形成"南通公共植物园"（清末状元近代爱国实业家张謇先生1904年曾办过），"南通公共植物园"延伸至外围实际控制区域，建设小型配套设施，供旅游参观。

5.4 管理体制

参照有关自然保护区管理的法规和规范，"军山自然生态区"地块属南通市崇川区地界，由南通市崇川区政府承担综合管理职能，市、区相关专业部门参与专业管理，即采用政府管理和专业管理相结合的管理体制。针对该自然生态区域的实际情况，目前由狼山风景区派人常驻该区域进行日常的巡查，负责安全、卫生等，由南通博物苑自然部和园林部派人常驻该区域进行自然物种的采集、调查、整理和相关自然人文研究，由南通市崇川区政府对该区域部分民房进行拆迁安置。

按照政府管理和专业管理相结合的管理体制，"军山自然生态区"不仅是自然生态保护的问题，同时文人遗迹也需要保护，这里有许多与张謇先生相关的文化遗迹，如姊妹石、东奥山庄等，还有炼丹台、白云洞等人文地质景观等，因而有必要参照自然保护区条例，及国家相关文物保护的法规，制定《军山自然生态园保护管理办法》，使该区域得到妥善的管理，同时使今后的各项研究、保护、利用的工作，能有章可循，使军山自然生态园的保护与建设工作和南通市的经济社会的发展融为一体，相互促进，真正实现城市的全面协调可持续发展。

陆 ◎意义与思考

目前，军山东南麓"军山自然生态区"的调查保护工作取得了阶段性的进展。通过实地调查，该区域自然地理环境独特；生物多样性原始丰富；人文景观别具特色。这里的原始状态在江海平原上具有唯一性，它具有亚热带植物区系北缘的特征，是江海平原上难得的野生生物基因库，具有作为人类自然历史遗产保护的价值。

但是，因为保护还没有完全实施，村民群众砍伐树木、倾倒垃圾，影楼摄影取景车辆随意出入，少数游人焚烧树木、破坏山体、损坏绿地等现象时有发生，还有随意丢弃的历史标牌、没有保护标志的历史建筑等等，这些现象与文化名城、环境保护模范城市、园林城市、生态城市、文明城市的荣誉极不相称！况且军山的自然生态环境，一旦破坏将难以恢复。

我们呼吁，尽快建成军山生态保护区，这项工作具有十分重要的意义。因为"军山自然生态区"的特色和价值不仅仅在于其珍稀性，也不仅仅在于其有多少国家一级或者二级保护的动植物，而在于其在特定的城市环境中还留着江海平原的生物多样性。在这样一片不大的空间里，不但野生动植物的种类极其繁多，而且在众多不同的小生境中，不少优势植物形成了不同的种群，彼此相嵌共存，并与生活其中的动物形成了紧密的依附关系。随着季节的变化，生物种群的面貌不断变化，让我们看到一个生机勃勃、自然发展的原生态环境。在地处亚热带植物区系北缘的江海平原上，它是不可多得的都市中的"野生生物基因库"，具有自然遗产的价值。这片区域不仅是南通或中国东部江海平原地区的，更是世界、全人类共同的自然历史遗产。

树木被焚烧和砍伐

随意倾倒的垃圾不堪入目

绿地和山体被焚烧

被剥皮的白杨树

随意丢弃的历史标牌

（1）对于"军山自然生态区"原生态环境进行规划保护，使该区域成为江淮平原地区一个难得的野生生物基因库，具有科学价值。该区域野生动植物的种类极其繁多，"野生"就是纯天然的东西，因而具有改造现有栽培品种的潜在价值。这里有珍稀生物，有药用植物、食用植物、抗污染植物、指示植物、观赏园林植物等，可以利用它们的生物基因培育新品种，为人类的可持续发展提供不可多得的物质基础。保护它们，就是为子孙后代留下宝贵财富。

（2）对于"军山自然生态区"原生态环境进行规划保护，可以使该区域成为江淮地区一个难得的、非常好的生物科普教育基地。该生态区，可以成为对公众进行环境保护和生物多样性教育示范区。人们在缓冲区、实践区域和自然科学博物馆，可以认识许多难得一见的动植物，更能深刻地理解保护野生动植物的意义。

（3）对于"军山自然生态区"原生态环境进行规划保护，也具有保护文化历史遗产，建设人文景观的意义。

军山上下人文景观有白云泉、四贤祠、包公祠、董其昌碑刻、气象台、普陀别院、象鼻崖、试剑石、炼丹台、燕真人洞、姊妹石、分水石、落星岩等（《通州志》上对此亦有记载）。近代历史建筑东奥山庄（待恢复建设）也坐落在该区域。

军山顶上的气象台为清末状元、实业家张謇1913年所建。军山气象台开国人自办近代气象事业风气之先，被称为"中国私家气象台之鼻祖"。登上气象台，西望狼山、剑山、马鞍山、黄泥山，四山美景尽收眼底。

在"军山自然生态区"内，还可以找到《诗经》里描述到的大多数植物。如《国风·周南·关雎》中："关关雎鸠，在河之洲。窈窕淑女，君子好逑。参差荇(xìng)菜，左右流之。" 其中

荇菜是一种浅水性植物，叶片形睡莲，多年生水草，夏天开黄色花，嫩叶可食，现叫水荷、金莲儿。又如《国风·周南·桃夭》中描述："桃之夭夭，灼灼其华。"其中桃就是野桃树，毛桃。在如《国风·周南·芣苢》中描述："采采芣苢，薄言采之。采采芣苢，薄言有之。"其中芣苢(fú yǐ)，就是车前草，种子和全草都能入药。还有如《诗经·小雅·采薇》中描述："采薇采薇，薇亦作止。曰归曰归，岁亦莫止。"其中薇就是蝶形花科的野豌豆，也称大巢菜、小巢菜。这些俯拾皆是的《诗经》远古植物，不正是体现"军山自然生态区"的原生态和深厚的文化内涵吗！加上四季自然生态景观的变化无穷，不难找到诠释许多唐诗宋词描写的"微雨淡月、飞絮残红、流萤寒蝉……"等园林意境：如苏轼《阮郎归》："绿槐高柳咽新蝉。熏风初入弦。……微雨过，小荷翻。榴花开欲然。"又如欧阳修《采桑子》：

春去苇叶青

"……狼藉残红，飞絮蒙蒙……双燕归来细雨中……"再如叶梦得《卜算子·新月挂林梢》："新月挂林梢，暗水鸣枯沼。时见疏星落画檐，几点流萤小。归意已无多，故作连环绕。欲寄新声问采菱，水阔烟波渺。" 杜牧的《秋夕》："银烛秋光冷画屏，轻罗小扇扑流萤。天阶夜色凉如水，坐看牵牛织女星。"还有很多诗句：春去苇叶青，秋来芦花白。芦苇晚风起，秋江鳞甲生。残霞忽变色，游雁有余声。抱叶寒蝉静，依荷暖蛙鸣。寒蝉抱黄叶，结茧秋娥眠。寒蝉抱叶不停鸣，知了秋殇屋断椽。惯耳寻常哪个惊。问声声，未必人知知了情。寒蝉抱叶苦鸣箫，枯涩泠泠暮雨浇。叶落萧萧四处飘。待明朝，日领春光照九霄。群花渐老，向晓来微雨，芳心初拆。拂掠娇红香旖旎，浑欲不胜春色。淡月梨花，新晴繁杏，装点成标格。等等。

（4）对于"军山自然生态区"原生态环境进行规划保护，

秋来芦花白

可逐步建成一个多学科的科研基地。该基地将有助于研究江海平原的野生生物状态，搞清楚究竟有多少物种；可以建立物候学观测站，通过原始资料的积累，使之成为研究整个地区自然变化不可或缺的重要科学数据。此外，还可以在"军山自然生态园"附近规划开辟生态型种植园。当然，这类种植园也必须是生态型的，既可以成为保护这片区域不受外来物种侵略的屏障，也可为军山周边地区带来新的经济收益。

（5）"军山自然生态区"的保护规划和逐步建设实施，对把南通建设成环境友好型生态城市和生态文明社会，体现出南通人的超前眼光和非凡魄力，是一个绝佳的举措。

保护城市自然的原生态保留地或者建立"军山自然生态区"的目的，不仅仅是给野生生物一席生存之地，同时也是在提醒人们：自然界原有的生态环境是非常脆弱的，毁掉它们极其容易。中国仍是世界上生态环境建设十分脆弱的国家之一，当人类为了自身的利益而盲目地、肆无忌惮地破坏自然环境之时，必将后患无穷，人类自身的末日恐怕也为期不远了！

总而言之，对"军山自然生态区"的保护规划和逐步建设实施，不仅仅是为南通的子孙后代留下一份遗产，而且丰富了生物基因库，此举将为世界、人类的自然文化遗产贡献一份力量。

附录1　关于建立军山原生态公园的一封信

一民、大卫同志：

此信想谈的是南通建设、发展中的一件带有全局性和长远性的事，所以我们直接径交二位，望关切并阅批。

前几天与老友周国兴同志相叙时又谈及久议中的课题，即：建立军山原生态公园，保护宝贵的原生态资源，并逐步将其建设成为集保护、观赏与教育为一体的自然和历史文化保护区的设想。周国兴同志是南通籍著名的古人类学家、北京自然博物馆研究员，人类学和史前考古学教授。此次我们有机会在一起作了一次长谈，共同认为，我市的五山风景区是一份不可多得的自然和历史文化遗产，尤其是军山南麓尚存一片原生态地域，在全国许多城市周边的原生态地域急速消失的趋势下，这里依然保留着自然原始状态尤其珍贵。我们这些长期在南通生活和工作的老同志能和这些著名科学家一齐呼吁，将建设这一原生态公园的设想在今后五年至十年内成为现实，自感责无旁贷。

为此，上个月我们曾专程到军山南麓实地勘查。从军山南麓的"姊妹石"至东麓的"炼丹台"的小山坳里，不仅有地质上的自然景观，还有丰富的野生生物资源。陡峭的山崖绝壁上可见沉积岩层的叠压现象，由于岩层色紫，好像经历了雷击火烧，因此被称为"雷轰石"。在"试剑岩"下的"乱石湾"，是山崖崩塌后的坡积岩石群。特别值得一提的是，据《五山全志》载，清顺治十八（公元1661）年九月，这里曾发生一场流星雨，不少陨石坠落在"雷轰石"附近的山坡上，又因这里的岩石形圆如卵，似星之下落，故称此处为"落星岩"，《通州志》上对此亦有记载，因此这是一处难得的天文学景观。张謇建东奥山庄时，在西侧立两石柱，上刻"苍玉笏"三字，此石柱又称"姊妹石"。"炼丹台"的西侧有天然的小河流，人称"饮马池"，其南侧有绕山坳的小溪流，构成了小型湿地生态，山崖脚下有天然洞穴，谓之"燕真人洞"，多有野生动植物。只可惜眼前这里堆满了垃圾，一些文物也遭到不同程度的破坏。

许多有识之士认为，在野生生物种类急骤消失的今天，军山南麓一带还保留着不少已难觅踪迹的生物，是长江下游难得的野生生物基因库。如果能将军山南麓的"姊妹石"至东麓的"炼丹台"，西至"分水石"，再往东至军山东北角的"象鼻崖"，建立一座军山原生态公园，使这份自然和历史文化遗产得到更好的保护。同时，我们认为建立军山原生态公园，不需要太大的投入。只要有关部门圈地加栏，稍加整理即可，尽量保留其自然状态，不加人工修饰，使其成为名副其实的原生态的自然保护区。

建立原生态的自然保护区——军山原生态公园，不仅增加和丰富了我们这座历史文化名城的内涵和品位，并对我们全面建设一个生态城市多了一个实实在在的内容，它将对整合我市的旅游资源，提升全市的整体旅游水平发挥重要作用。因此，我们建议：你们二位能否关心一下这件事，并由规划部门牵头专题研究这个问题，最好从现在起就禁止在这一带大兴土木、建设固定型的建筑物。

总之，狼山、军山等五座小山是我们南通得天独厚的自然和历史文化遗产，无论从科学发展观，还是从可持续发展的角度来说，我们都必须保护好这笔珍贵的历史遗产。前些年许多同志对狼山风景区商业化开发和过度利用颇有微词。因此我们今天更要慎重地对待军山等风景区的开发利用问题。应在搞好调查研究、广泛听取各界人士的建议和意见的基础上，作出科学的论证与规划。

让这五座千百年来耸立在长江畔的秀丽小山，与我们美丽的城市永远欣欣向荣！

此颂

春祺！

朱　剑　程亚民

2008年5月5日

附录2 "军山自然生态区"主要植物名录总表

序 号	科	中文名称	拉 丁 名
△1	地钱科	地钱属	*Marchantia*
△2	蕨科	蕨	*Pteridium aquilinum*
△3	中国蕨科	野鸡尾	*Onychium japonicum*
4	凤尾蕨科	井栏边草	*Pieris multifida*
5		凤尾蕨	*Pteris multifida*
6	蹄盖蕨科	华东蹄盖蕨	*Athyrium niponicum*
7	鳞毛蕨科	全缘贯众	*Cyrtomium falcatum*
8		贯众	*Cyrtomium fortunei*
9	金星蕨科	渐尖毛蕨	*Cyclosorus acuminatus*
△10	木贼科	节节草	*Equisetum hiemale*
△11		笔管草	*Equisetum debile*
12	铁嘴蕨科	虎尾铁角蕨	*Asplenium incisum*
△13	水龙骨科	金鸡脚	*Phymatopsis hastata*
△14	石松科	蛇足石松	*Lycopodium serratum*
△15	铁角蕨科	铁角蕨	*Asplenium trichomanes*
16	水蕨科	水蕨	*Ceratopteris thalictroides*
△17	葡萄科	蛇葡萄	*Ampelopsis brevipedunculata*
18		乌蔹莓	*Cayratia japonica*
19		爬山虎	*Parthenocissus tricuspidata*
20		白蔹	*Ampelopsis japonica*
△21		地锦	*Parthenocisus tricuspidata*
22	玄参科	通泉草	*Mazus japonicus*
△23		白花泡桐	*Paulownia fortunei*
△24		地黄	*Rehmannia glutinosa*
25		婆婆纳	*Veronica polita*
△26		蚊母草	*Veronica peregrina*
27	天南星科	菖蒲	*Acorus calamus*
28		石菖蒲	*Acorus gramineus*
29		半夏	*Pinellia pedatisecta*
30		掌叶半夏	*Pinellia pedatisecta* Schott

续表

序　号	科	中文名称	拉丁名
△31	荨麻科	闵草	*Boehmeria*
△32		冷水花	*Pilea notata*
33	苋科	空心莲子草	*Alternanthera philoxeroides*
△34		牛漆	*Achyranthes aspera*
△35		皱果苋	*Amaranthus viridis*
△36		苋	*Amaranthus tricolor*
37		牛膝	*Achyranthes bidentata*
△38		莲子草	*Achyranthes sessilis*
39		鸡冠花	*Celntea cristata*
△40		青葙	*Celntea argentea*
△41	禾本科	野燕麦	*Avena fatua*
△42		看麦娘	*Alopecurus aequalis*
43		雀麦	*Bromus japonicus*
△44		白羊草	*Bothriochloa ischcemum*
△45		假苇拂子茅	*Calamagrostis pseudophragmites*
46		狗牙根	*Cynodon dactylon*
△47		马唐	*Digitaria sanguinalis*
48		知风草	*Eragrostis ferruginea*
49		牛筋草	*Eleusine indica*
50		画眉草	*Eragrostis pilosa*
△51		无芒稗	*Echinochloa crusgali*
△52		油芒	*Eccoilopus cotulifer*
△53		白茅	*Imperata cylindrica* var.*major*
△54		千金子	*Leptochloa chinensis*
55		柔枝莠竹	Microstegium vimineum
56		芒	*Microstegium sinensis*
△57		求米草	*Oplismenus undulatifolius*
△58		日本求米草	*Oplismenus undulatifolius* var. *japonicus*
△59		竹叶草	*Oplismenus compositus* (Linn.) Beauv.
60		狼尾草	*Pennisetum alopecuroides*
△61		芦苇	*Phragmites australis*
△62	禾本科	雀稗	*Paspalum thunbergii*

续表

序　号	科	中文名称	拉丁名
63	禾本科	早熟禾	*Poaannua* L.
△64		虉草	*Phalaris arundinacea*
△65		棒头草	*Polypogon fugax*
△66		华东早熟禾	*Poaannua fabri*
△67		刚竹	*Phyllostachys sulphurea*
△68		矮鹅观草	*Roegneria humilis*
△69		东瀛鹅观草	*Roegneria mayebarana*
△70		纤毛鹅观草	*Roegneria ciliaris*
△71		鼠尾粟	*Sporobolus fertilis*
72		狗尾草	*Setaria viridis*
△73		荻	*Triarrhena sacchariflora*
△74		茭笋（茭白）	*Zizania latifolia* (Griseb.) Stapf
75	豆科	紫荆	*Cercis chinensis*
76		截叶铁扫帚	*Lespedeza cuneata* (Dum.Cour.) G.Don
△77		毛野扁豆	*Dunbaria rillosa*
△78		野大豆	*Glycine soja*
79		扁豆	*Lablab purpureus*
80		小苜蓿	*Medicago minima*
△81		葛藤	*Puearia lobata*
△82		毛洋槐	*Robinia hispida*
△83		鹿藿	*Rhynchosia volubilis*
△84		龙爪槐	*Sophora japonica*
△85		苦参	*Sophora flavescens*
△86		白车轴草	*Trifolium repens*
△87		救荒野豌豆	*Vicia sativa*
△88		窄叶野豌豆	*Vicia angustifolia*
△89		四籽野豌豆	*Vicia tetrasperma* (L.)Moench
△90		小巢菜	*Vicia hirsuta*
△91		田菁	*Sesbania cannabina* Pers.
△92	芭蕉科	芭蕉	*Musa basjoo*
93	蔷薇科	桃	*Amygdalus persica*
94		蛇莓	*Duchesnea indica*
95		垂丝海棠	*Malus halliana*

序　号	科	中文名称	拉　丁　名
96	蔷薇科	火棘	*Pyracantha fortuneana*
97		石楠	*Photinia serrulata*
△98		李	*Prunus salicina*
△99		沙梨	*Pyrus pyrifolia*
100		翻白草	*Potentilla discolor*
101		小果蔷薇	*Rosa cymosa*
102		茅莓	*Rubus parvifolius*
△103		悬勾子	*Rubus simplex*
△104	菊科	蓍	*Achillea millefolium*
△105		南艾蒿	*Artemisia verlotorum*
106		茵陈蒿	*Artemisia capillaris*
107		青蒿	*Artemisia apiacea Hance*
108		艾蒿	*Artemisia avandulaefolia*
△109		苍术	*Atractylodes lancea*
110		野艾蒿	*Artemisia lavandulaefolia*
111		鬼针草(婆婆针)	*Bidens pilosa*
△112		三叶鬼针草(金杯银盏)	*Bidens biternata*
△113		葵花大蓟	*Cirsium souliei*
△114		刺儿菜（小蓟）	*Cirsium setosum*
115		天名精	*Carpesium abrotanoides*
△116		菊花脑	*Chrysanthemum nankingense*
117		蓟	*Cirsium japonicum*
118		野菊	*Dendranthema indicum*
△119		甘野菊	*Chrysanthemum seticuspe*
120		一年蓬	*Erigeron annuus*
△121		鳢肠	*Eclipta prostrata*
122		鼠麹草	*Gnaphalium affine*
123		泥胡菜	*Hemistepta lyrata*
124		马兰	*Kalimeris indica*
125		苦苣菜	*Sonchus oleraceus*
126		一枝黄花	*Solidago decurrens*
△127		续断菊	*Sonchus asper* (L.) Hill.
△128		苣荬菜	*Sonchus arvensis*

续表

序 号	科	中文名称	拉 丁 名
129	菊科	蒲公英	*Taraxacum mongolicum*
△130		女菀	*Turczaninowia fastigiata*
△131		钻形紫菀	*Aster subulatus* Michx.
132		苦荬菜	*Txeris denticulata (Houtt.) Stebb*
△133		大狼把草	*Bidens frondosa*
△134		豨莶草	*Siegesbeckia orientalis* L.
135		苍耳	*Xanthium sibiricum*
136		黄鹌菜	*Youngia japonica*
△137		红果黄鹌菜	*Youngia erythrocarpa*
△138	锦葵科	苘麻	*Abutilon theophrasti*
△139		山飞蓬	*Erigeron komarovii*
△140		锦葵	*Malva sinensis*
141	牻牛儿苗科	老鹳草	*Geranium wilfordii*
142		野老鹳草	*Geranium carolinianum*
143	茜草科	猪殃殃	*Galium aparine* var. *tenerum*
△144		六叶葎	*Galium asperuloides*
145		鸡矢藤	*Paederia scandens*
146		茜草	*Rubia cordifolia*
147		六月雪	*Serissa japonica*
148		白马骨	*Serissa foetida* Comm
149	车前科	车前	*Plantago asiatica*
150	酢浆草科	酢浆草	*Oxalis corniculata*
△151		红花酢浆草	*Oxalis corymbosa*
△152		直立酢浆草	*Oxalis stricta* Linn.
△153	旋花科	马蹄金	*Dichondra repens*
△154		圆叶牵牛	*Pharbitis purpurea*
△155		裂叶牵牛	*Pharbitis nil* (L.) Choisy
△156		菟丝子	*Cuscuta chinensis*
157		打碗花	*Calystegia hederacea* Wall.
△158	伞形科	蛇床	*Cnidium monnieri*
△159		明党参	*Changium smyrnioides*
160		野胡萝卜	*Daucus carota*
△161		小茴香	*Feoniculum vulgare*

95

续表

序 号	科	中文名称	拉 丁 名
△162	伞形科	水芹（野芹菜）	*Oenanthe javanica*
△163		窃衣	*Torilis scabra*
164		破子草	*Torilis japonica* (Houtt) DC.
165	十字花科	荠	*Capsella bursa-pastoris*
△166		播娘蒿	*Descurainia sophia*
△167		诸葛菜（二月兰）	*Orychophragmus violaceus*
△168		蔊菜	*Rorippa indica*
△169		菘蓝	*Isatis indigotica*
170	茄科	枸杞	*Lycium chinense*
171		苦职（灯笼草）	*Physalis angulata* L.
172		白英	*Solanum lyratum*
△173		珊瑚樱	*Solanum pseudocapsicum*
174		龙葵	*Solanum nigrum*
△175	蓼科	金线草	*Antenoron filiforme*
△176		藜	*Chenopodium album*
△177		蚕茧草	*Fallopia japonicum*
178		何首乌	*Fallopia multiflora*
179		地肤	*Kochia scoparia*
△180		萹蓄	*Polygonum aviculare*
181		水蓼	*Polygonum hydropiper*
182		绵毛酸模叶蓼	*Polygonum lapathifolium*
△183		桃叶蓼	*Polygonum persicaria*
184		杠板归	*Polygonum perfoliatum*
185		皱叶酸模	*Rumex crispus*
186		齿果酸模	*Rumex dentatus*
187		羊蹄	*Rumex japonicus*
188		虎杖	*Reynoutria japonica*
189	鸭跖草科	鸭跖草	*Commelina communis*
△190	景天科	瓦松	*Orostachys fimbriatus*
191		垂盆草	*Sedum sarmentosum*
192		景天三七	*Sedum aizoon*
193		珠芽景天	*Sedum bulbiferum*
△194		繁缕叶景天	*Sedum stellariifolium*

续表

序　号	科	中文名称	拉　丁　名
△195	景天科	八宝景天	*Sedum erythrostictum*
196		凹叶景天	*Sedum sarmentosum*
197		爪瓣景天	*Sedum onychopetalum*
△198		佛甲草	*Sedum ineare*
△199	石竹科	簇生卷耳	*Cerastium fontanum*
△200		球序卷耳	*Ceratium glomeratum* Thuill
201		牛繁缕	*Malachium aquaticum*(L.)Fries.
202		繁缕	*Stellaria media*
△203		漆姑草	*Sagina japonica*
△204		卷耳	*Cerastium viscosum*
205		石竹	*Dianthus chinensis*
△206		剪夏萝	*Lychnis coronata*
207		蚤缀	*Arenara serpyllifolial*
208		夏樱草	*Silene pendula* L.
△209	唇形科	筋骨草（金疮小草）	*Ajuga decumbens* Thunb.
△210		紫背金盘	*Ajuga nipponensis*
211		藿香	*Agastache rugosa*
212		紫花香薷	*Elsholtzia argyi*
△213		活血丹（金钱草）	*Glechoma longituba*
△214		野芝麻	*Lamium barbatum*
215		益母草	*Leonurus artemisia*
△216		白花益母草	*Leonurus artemisia* var. *albiflorus*
217		宝盖草	*Lamium amplexicaule*
△218		留兰香	*Mentha spicata*
219		薄荷	*Mentha haplocalyx*
△220		牛至	*Origanum vulgare*
△221		南丹参	*Salvia bowleyana*
△222		紫苏	*Perilla frutescens*
223		夏枯草	*Prunella vulgaris*
△224	唇形科	荔枝草	*Salvia plebeia*
△225		丹参	*Salvia miltiorrhiza*
△226		半支莲	*Scutellaria barbata*
227	爵床科	爵床	*Rostellularia procumbens*

续表

序　号	科	中文名称	拉　丁　名
△228	百合科	薤白	*Allium macrostemon*
△229		天门冬	*Asparagus cochinchinensis*
230		萱草	*Hemerocallis fulva*
△231		玉簪	*Hosta plantaginea*
△232		紫萼	*Hosta ventricosa*
233		卷丹	*Lilium lancifolium*
234		麦冬	*Ophiopogon japonicus*
△235		黄精	*Polygonatum sibiricum* Red.
△236		玉竹	*Polygonatum odoratum*
△237		吉祥草	*Reineckea carnea*
238	石蒜科	石蒜	*Lycoris radiata*
△239	泽泻科	泽泻	*Alisma plantago-aquatica* var. *orientale*
△240		慈姑	*Sagittaria trifolia*
241	藜科	藜（灰菜）	*Chenopodium album*
242		小藜	*Chenopodium serotinum*
△243		地肤	*Kochia scoparia*
△244	莎草科	垂穗苔草	*Carex brachyathera* Ohwi
△245		穿窿苔草	Carex gibba
△246		扁穗莎草	*Cyperus compressus*
247		香附子	*Cyperus rotundus*
248		莎草	*Cyperus rotundus*
△249		水蜈蚣（水金钗）	*Kyllinga brevifolia*
△250		光鳞水蜈蚣	*Kyllinga brevifolia* Rottb. var. *leiolepis* (Franchet Sev.)Hara
△251		华刺子莞	*Rhynchospora chinensis*
252		藨草	*Scirpus triqueter*
△253	商陆科	商陆	*Phytolacca acinosa*
254		美洲商陆	*Phytolacca americana*
255	紫茉莉科	紫茉莉	*Mirabilis jalapa*
△256	椴树科	光果田麻	*Corchoropsis psilocarpa*
△257	葫芦科	丝瓜	*Luffa cylindrica*
258		栝楼	*Trichosanthes kirilowii*
259		马交儿	*Melothria ndica* Lour.

续表

序 号	科	中文名称	拉丁名
260	浮萍科	紫萍	*Spirodela polyrrhiza*
△261	毛茛科	乌头	*Aconitum carmichael*
262		山木通	*Clematis finetiana*
△263	毛茛科	还亮草	*Delphinium anthriscifolium*
△264		白头翁	*Pulsatilla chinensis*
△265		石龙芮	*Ranunculus sceleratus*
266		扬子毛茛	*Ranunculus sieboldii*
267		茴茴蒜	*Ranunculus chinensis*
268		刺果毛茛	*Ranunculus muricatus* L.
269		天葵	*Semiaquilegia adoxoides*
270		威灵仙	*Clematis chinensis*
271		圆锥铁线莲（黄药子）	*Clematis terniflora* DC.
272		禺毛茛	*Ranunculus cantoniensis* DC.
273		毛茛	*Ranunculus japonicus* Thunb.
△274	美人蕉	美人蕉	*Canna indica*
△275	罂粟科	齿瓣延胡索	*Corydalis turtschaninovii*
△276		地锦苗	*Corydalis sheareri*
277		紫堇	*Corydalis edulis*
△278		黄堇	*Corydalis pallida*
△279	落葵科	落葵	*Basella alba*
280	小檗科	南天竹	*Nandina domestica*
281	堇菜科	长萼堇菜	*Viola inconspicua* Blume
△282		堇菜	*Viola verecunda*
283	紫草科	附地菜	*Trigonotis peduncularis*
284	鸢尾科	鸢尾	*Iris tectorum*
△285		马蔺	*Iris lactea* var. *chinensis*
286		射干	*Belamcanda chinensis*
287	海金沙科	海金沙	*Lygodium japonicum*
△288	卫矛科	南蛇藤	*Celastrus orbiculatus*
289		扶芳藤	*Euonymus fortunei*
290		白杜（丝棉木）	*Euonymus maackii*
△291	忍冬科	凹叶忍冬	*Lonicera retusa*
△292		珊瑚树（法国冬青）	*Viburnum odoratissimum*

续表

序　号	科	中文名称	拉　丁　名
△293	忍冬科	金银花	*Lonicera japonica*
△294		接骨草	*Sambucus chinensis*
295	薯蓣科	薯蓣	*Dioscorea opposita*
296	夹竹桃科	夹竹桃	*Nerium indicum*
297	夹竹桃科	络石	*Trachelospermum jasminoides*
△298		花叶蔓长春花	*Vinca major*
299	萝藦科	萝藦	*Metaplexis japonica*
△300		七层楼	*Tylophora floribunda*
301	鼠李科	雀梅藤	*Sageretia thea*
△302		枣	*Ziziphus jujuba*
303	马鞭草科	海州常山	*Clerodendrum trichotomum*
△304		黄药	*Premna cavaleriei*
△305		牡荆（黄荆）	*Vitex negundo*
306	木樨科	白蜡树	*Fraxinus chinensis*
307		女贞	*Ligustrum lucidum*
308		小叶女贞	*Ligustrum quihoui*
309		木樨（桂花）	*Osmanthus fragrans*
310	桑科	构树	*Broussonetia papyifera*
311		柘	*Cudrania tricuspidata*
△312		薜荔	*Ficus pumila*
△313		水蛇麻	*Fatoua villosa*
314		桑	*Morus alba*
315	黄杨科	黄杨(小叶黄杨)	*Buxus sinica*
△316		冬青卫矛（大叶黄杨）	*Buxus megistophylla*
317	海桐花科	海桐	*Pittosporum tobira*
△318	虎耳草科	落新妇	*Astilbe grandis*
△319		白溲疏	*Deutzia albida*
320		虎耳草	*Saxifraga stolonifera*
321	石榴科	石榴	*Punica granatum*
△322	五加科	土当归	*Aralia cordata*
△323		八角金盘	*Fatsia japonica*
△324		中华常春藤	*Hedera nepalensis* var. *sinensis*
325	芸香科	香橼	*Citrus medica*

续表

序　号	科	中文名称	拉　丁　名
△326	芸香科	山橘	*Fortunella hindsii*
△327		花椒	*Zanthoxylum bungeanum*
328	槭树科	三角枫	*Acer buergerianum*
329		鸡爪槭	*Acer palmatum*
330	松科	雪松	*Cedrus deodara*
△331	松科	日本五针松	*Pinus parviflora*
332		黑松	*Pinus thunbergii*
333	柏科	侧柏	*Platycladus orientalis*
334		刺柏	*Juniperus formosana*
335		龙柏	*Sabina chinensis*
336	罗汉松科	罗汉松	*Podocarpus macrophyllus*
337	银杏科	银杏	*Ginkgo biloba*
338	杉科	水杉	*Metasequoia glyptostroboides*
339		池杉	*Taxodium ascendens*
340	胡桃科	枫杨	*Pterocarya stenoptera*
△341	杨柳科	毛白杨	*Populus tomentosa*
△342		垂柳	*Salix babylonica*
343	梧桐科	梧桐（青铜）	*Firmiana platanifolia*
344	棕榈科	棕榈	*Trachycarpus fortunei*
△345	大戟科	地锦	*Euphorbia humifusa*
346		斑地锦	*Euphorbia maculata* Linn.
347		泽漆	*Euphorbia Helioscopia*
△348		大戟	*Euphorbia pekinensis*
349		乌桕	*Sapium sebiferum*
△350		叶下珠	*Phyllanthus urinaria* Linn.
351	楝科	楝树	*Melia azedarach*
△352	金缕梅科	枫香	*Liquidambar formosana*
353	千屈菜科	紫薇	*Lagerstroemia indica*
354	悬铃木科	悬铃木	*Platanus* ×*acerifolia*
355	木兰科	荷花玉兰（广玉兰）	*Magnolia grandiflora*
△356	冬青科	冬青	*Ilex chinensis*
357	樟科	樟（香樟）	*Cinnamomum camphora*
358	苦木科	臭椿	*Ailanthus altissima*

序 号	科	中文名称	拉 丁 名
359	柿科	柿	*Diospyros kaki*
△360	无患子科	栾树	*Koelreuteria paniculata*
361	榆科	朴树	*Celtis sinensis*
362		榔榆	*Ulmus parvifolia*
363		榉树	*Zelkova serrata*
△364	紫葳科	梓	*Catalpa ovata*
△365	苹科	田字苹	*Marsilea quadrifolia*
366	三白草科	蕺菜	*Houttuynia cordata*
△367		三白草	*Saururus chinensis*
368	大麻科	葎草	*Humulus scandens*
369	马兜铃科	马兜铃	*Aristolochia debilis*
370		马齿苋	*Portulaca oleracea*
△371	番杏科	粟米草	*Mollugo pentaphylla*
△372	睡莲科	睡莲	*Nymphae tetragona*
△373	金鱼藻科	金鱼藻	*Ceratophyllum demersum*
△374	木通科	木通	*Akebia quinata*
△375	防己科	千金藤	*Stephania japonica*
376		木防己	*Cocculus orbiculatus* (Linn.)DC.
△377	白花菜科	白花菜	*Cleome gynandra*
△378	茅膏菜科	茅膏菜	*Drosera peltata*
△379	胡颓子科	木半夏	*Elaeagnus multiflora*
380	菱科	野菱	*Trapa incisa*
△381	报春花科	过路黄	*Lysimachia christinae* Hance
△382		珍珠菜	*Lysimachia clethroides*
△383		泽珍珠菜	*Lysimachia candida* Lindl.
384	桔梗科	杏叶沙参	*Adenophora stricata*
△385	百部科	百部	*Stemona japonica*
386	香蒲科	香蒲	*Typha orientalis*
△387		水烛（蒲草）	*Typha angustifolia* Linn.
△388	雨久花科	雨久花	*Monochoria korsakowii*
△389	兰科	白芨	*Bletilla striata*

注：序号中带"△"表示与南通市农业局1985年11月《南通市五山植物名录》比对为新调查出品种。

附录3 "军山自然生态区"植物资源特点分析

一、珍稀濒危植物

调查结果显示，根据国家林业局公布的《国家重点保护野生植物名录》（1999），"军山自然生态区"有6种国家重点保护植物。

野大豆为一年生草本植物，与大豆是近缘种，具有许多优良性状，如耐盐碱、抗寒、抗病等，在农业育种方面有重要价值。野大豆营养价值也很高，是各种牲畜喜食的牧草。

"军山自然生态区"国家重点保护植物

科名	学名	保护级别
豆科	野大豆*Glycine soja*	II
银杏科	银杏*Ginkgo biloba*	I
杉科	水杉*Metasequoia glyptostroboides*	I
菱科	野菱*Trapa incisa*	II
伞形科	野胡萝卜*Daucus carota*	II
唇形科	野芝麻*Lamium barbatum*	II

二、食用植物

在"军山自然生态区"分布的近400多种植物资源中，食用植物资源的种类繁多，有200多种。可按各自用途再分为淀粉和糖类植物、蛋白质植物、食用油脂植物、维生素植物、饮料植物、食用色素植物、食用甜味剂植物、饲用植物、蔬菜、果树以及蜜粉源植物。

（一）淀粉和糖类植物

科名	学名	利用部位	利用方式	采收季节
睡莲科	莲*Nelumbo nucifera*	种子	食用	秋
榆科	榆树*Ulmus pumila*	果实	食用	春
桑科	构树*Broussonetia papyrifera*	果实	食用、酿酒	秋
	桑*Morus alba*	果实	食用	夏
蓼科	水蓼*Polygonum hydropiper*	根、果实	食用、药用	秋
	酸模叶蓼*Polygonum lapathifolium*	根、果实	食用、药用	春、秋
	皱叶酸模*Polygonum lapathifolium*	根、种子	食用、药用	春、秋
苋科	皱果苋*Amaranthus viridis*	种子	食用	秋

续表

科名	学名	利用部位	利用方式	采收季节
蔷薇科	桃 *Amygdalus persica*	果实	食用	夏
鼠李科	枣 *Ziziphus jujuba*	果实	食用、酿酒	秋
葡萄科	葡萄 *Vitis vinifera*	果实	食用、酿酒	夏、秋
柿树科	柿树 *Diospyros kaki*	果实	食用	秋、冬
茄科	枸杞 *Lycium chinense*	果实	食用、药用	秋
禾本科	狗尾草 *Setaria viridis*	籽粒	食用、酿酒	秋

（二）蛋白质植物

科名	学名	利用部位	利用方式	采收季节
桑科	桑 *Morus alba*	叶	养蚕、饲料	春、夏
十字花科	诸葛菜 *Orychophragmus violaceus*	叶	食用	春、秋
豆科	野大豆 *Glycine soja*	叶、种子	饲料、药用	夏
	白车轴草 *Trifolium repens*	枝叶	饲料	春、夏

（三）维生素植物

科名	学名	利用部位	利用方式	采收季节
十字花科	芥菜 *Capsella bursa-pastoris*	嫩叶	作野菜食用	春
	诸葛菜 *Orychophragmus violaceus*	嫩叶	作野菜食用	春、秋
楝科	香椿 *Toona sinensis*	嫩芽	作野菜食用	春
鼠李科	枣 *Ziziphus jujuba*	果实	食用	秋
	酸枣 *Ziziphus jujuba* var.*spinosa*	果实	作野果食用	秋
葡萄科	葡萄 *Vitis vinifera*	果实	食用、酿酒	秋
茄科	茄 *Solanum melongena*	果实	食用	夏、秋
葫芦科	葫芦 *Lagenaria siceraria*	果实	作蔬菜食用	夏、秋
	丝瓜 *Luffa cylindrica*	果实	作蔬菜食用	夏、秋
菊科	苦苣菜 *Sonchus oleraceus*	嫩叶	作野菜食用	春、秋
	蒲公英 *Taraxacum mongolicum*	嫩叶	作野菜食用	春、秋
百合科	薤白 *Allium macrostemon*	鳞茎、叶	作蔬菜食用	春、秋

（四）饮料植物

科名	学名	利用部位	利用方式	采收季节
马齿苋科	马齿苋 *Portulaca oleracea*	全草	浓缩马齿苋汁	夏、秋
蔷薇科	桃 *Amygdalus perseca*	果实	桃汁	夏
柿树科	柿树 *Diospyros kaki*	果实	柿子汁、柿子醋	秋
鼠李科	枣 *Ziziphus jujuba*	果实	酸枣汁	秋
	酸枣 *Ziziphus jujuba* var.*spinosa*	果实、叶	酸枣汁、茶	春、秋
葡萄科	葡萄 *Vitis vinifera*	果实	葡萄酒、葡萄汁	秋
石榴科	石榴 *Punica granatum*	果实	石榴汁	秋
菊科	苦苣菜 *Sonchus oleraceus*	全草	饮料	春、秋
	蒲公英 *Taraxacum mongolicum*	根、全草	根制蒲公英咖啡	春、秋

（五）食用色素植物

科名	学名	利用部位	利用方式	采收季节
桑科	构树*Broussonetia papyrifera*	树皮、果实	构树皮黄色素、构树果实橘红色素	夏、秋
	桑*Morus alba*	树皮、果实	桑树皮黄色素、桑葚红色素	夏
紫茉莉科	紫茉莉*Mirabilis jalapa*	花	甜菜黄色素	夏、秋
十字花科	萝卜*Raphanus sativus*	根	萝卜红色素	夏、秋
鼠李科	枣*Ziziphus jujuba*	果皮	酸枣皮棕色素	秋
	酸枣*Ziziphus jujuba* var.*spinosa*	果皮	酸枣皮棕色素	秋
葡萄科	葡萄*Vitis vinifera*	果实	葡萄皮红色素	秋
茄科	茄*Solanum melongena*	果实	茄子皮色素	夏、秋
唇形科	紫苏*Perilla frutescens*	种子、叶	紫苏红色素	夏、秋
茜草科	茜草*Rubia cordifolia*	根、果实	茜草红色素	秋

（六）食用甜味剂植物

在"军山自然生态区"植物资源中，仅有1种植物具有开发植物甜味剂的潜力，即唇形科紫苏，夏秋季节采收，其茎叶挥发油中含有40%~50%的紫苏醛，其甜度为蔗糖的200倍。紫苏醛同时也是香料，可调制茉莉、水仙等花香型香精，用于化妆品；调制柠檬、留兰香及香辛料等香型香精，用于食品。

（七）饲用植物

科名	学名	利用部位	饲用动物
桑科	构树*Broussonetia papyrifera*	叶	猪
	桑*Morus alba*	叶	家蚕、家畜
蓼科	水蓼*Polygonum hydropiper*	嫩茎、叶	鸡、鸭、鹅
	酸模叶蓼*Polygonum lapathifolium*	嫩茎、叶	鸡、鸭、鹅
	皱叶酸模*Polygonum crispus*	叶	鸡、鸭、鹅
	地肤*Kochia scoparia*	嫩叶	鸡、鸭、鹅
苋科	皱果苋*Amaranthus viridis*	嫩叶	鸡、鸭、鹅、猪
马齿苋科	马齿苋*Portulaca oleracea*	地上部分	鸡、鸭、鹅、猪
石竹科	繁缕*Stellaria media*	地上部分	鸡、鸭、鹅、猪
十字花科	芥菜*Capsella bursa-pastoris*	嫩叶	鸡、鸭、鹅、猪
	诸葛菜*Orychophragmus violaceus*	嫩叶	家禽、家畜
豆科	野大豆*Glycine soja*	地上部分	牛、羊、马
	白车轴草*Trifolium repens*	地上部分	牛、羊、马
菊科	苦苣菜*Sonchus oleraceus*	嫩叶	家禽、家畜
车前科	车前*Plantago asiatica*	地上部分	家禽、家畜

续表

科名	学名	利用部位	饲用动物
禾本科	狗尾草 *Setaria viridis*	茎、叶	牛、羊、马
	马唐 *Digitaria sanguinalis*	茎、叶	牛、羊、马
	无芒稗 *Echinochloa crusgali*	茎、叶	牛、羊、马
	画眉草 *Eragrostis pilosa*	茎、叶	牛、羊、马
	求米草 *Oplismenus undulatifolius*	茎、叶	牛、羊、马
	草地早熟禾 *Poa pratensis*	茎、叶	牛、羊、马
	大油芒 *Spodiopogon sibiricus*	茎、叶	牛、羊、马

（八）蔬菜

我国有长期食用野菜的历史，民间积累了大量的栽培经验。野菜在长期进化过程中，历经自然灾害的磨炼，往往抗性强，病虫害少，生态幅宽，对环境条件、栽培技术很少苛求。野菜多为露地栽培，只要基本条件得到满足，便能保证收成。

"军山自然生态区"蔬菜资源

科名	学名	部位	采收季节
榆科	榆树 *Ulmus pumila*	嫩叶、嫩果	初夏
桑科	构树 *Broussonetia papyrifera*	雄花序	春
蓼科	水蓼 *Polygonum hydropiper*	嫩苗	春
	酸模叶蓼 *Polygonum lapathifolium*	嫩苗	春
	皱叶酸模 *Polygonum crispus*	嫩苗、嫩茎叶	春、夏
	地肤 *Kochia scoparia*	嫩苗	春、夏
	藜 *Chenopodium album*	嫩苗	早春
苋科	皱果苋 *Amaranthus viridis*	嫩茎、嫩叶	春、夏
马齿苋科	马齿苋 *Portulaca oleracea*	全草	春、夏
石竹科	繁缕 *Stellaria media*	嫩梢	春
十字花科	芥菜 *Capsella bursa-pastoris*	嫩叶	夏、秋
	诸葛菜 *Orychophragmus violaceus*	嫩茎叶	春、秋
	萝卜 *Raphanus sativus*	根	夏、秋
豆科	菜豆 *Phaseolus vulgaris*	果实	
菊科	苦苣菜 *Sonchus oleraceus*	嫩叶	春、秋
	蒲公英 *Taracacum mongolicum*	嫩叶	春、秋
车前科	车前 *Plantago asiatica*	幼苗、嫩叶	春
酢浆草科	酢浆草 *Oxalid corniculata*	嫩茎叶、果实	春、夏
芸香科	花椒 *Zanthoxylum bungeanum*	嫩叶	早春
楝科	香椿 *Toona sinensis*	嫩芽	早春

续表

科名	学名	部位	采收季节
伞形科	芹菜*Apium graveolens*	嫩叶	四季
唇形科	细叶益母草*Leonurus sibiricus*	嫩叶	春
茄科	茄*Solanum melongena*	果实	夏、秋
百合科	薤白*Allium macrostemon*	鳞茎、嫩叶	春

（九）果树

科名	学名	部位	采收季节
榆科	榆树*Ulmus pumila*	嫩果	初夏
桑科	构树*Broussonetia papyrifera*	成熟果实	夏、秋
桑科	桑*Morus alba*	成熟果实	夏
蔷薇科	桃*Amygdalus persica*	成熟果实	夏
蔷薇科	李*Prunus salicina*	成熟果实	夏
蔷薇科	沙梨*Pyrus pyrifolia*	成熟果实	夏
鼠李科	枣*Ziziphus jujuba*	成熟果实	秋
鼠李科	酸枣*Ziziphus jujuba* var.*spinosa*	成熟果实	秋
葡萄科	葡萄*Vitis vinifera*	成熟果实	秋
石榴科	石榴*Punica granatum*	成熟果实	秋
柿树科	柿树*Diospyros kaki*	成熟果实	秋

（十）蜜粉源植物

科名	学名	花期	蜜粉品质
榆科	榆树*Ulmus pumila*	3—4月	差
桑科	桑*Morus alba*	3—4月	差
蓼科	水蓼*Polygonum hydropiper*	7—8月	差
蓼科	酸模叶蓼*Polygonum lapathifolium*	7—8月	差
虎耳草科	白溲疏*Deutzia albida*	5—6月	差
蔷薇科	山桃*Amygdalus davidiana*	3—4月	好
十字花科	芥菜*Capsella bursa-pastoris*	3—5月	差
十字花科	诸葛菜*Orychophragmus violaceus*	3—5月	一般
酢浆草科	酢浆草*Oxalid corniculata*	3—7月	一般
苦木科	臭椿*Aianthus altissima*	5—6月	一般
鼠李科	枣*Ziziphus jujuba*	5—6月	好
鼠李科	酸枣*Ziziphus jujuba* var.*spinosa*	5—6月	好
茜草科	茜草*Rubia cordifolia*	6—9月	差
菊科	茵陈蒿*Artemisia capillaris*	8—9月	一般
菊科	野艾蒿*Artemisia lavandulifolia*	8—9月	一般
菊科	苦苣菜*Sonchus oleraceus*	9—11月	一般
菊科	蒲公英*Taraxacum mongolicum*	4—8月	一般
百合科	薤白*Allium macrostemon*	5—7月	差

三、药用植物

药用植物资源是指自然资源中对人类有直接或间接医疗作用和保健护理功能的植物总称。药用植物资源开发利用的产品主要是用以人类防病治病的中药（包括民族药和民间草药）、植物药、保健品等，此外还包括兽药、农药、功能性饲料添加剂等相关产品。

（一）中草药

"军山自然生态区"中草药植物种类

科	学名	功效	采收季节
木贼科	笔管草 *Equisetum debile*	疏风散热	夏
蕨科	蕨 *Pteridium aquilinum*	清热利湿，消肿，安神	春、夏
凤尾蕨科	凤尾蕨 *Pteris multifida*	清热利湿、凉血解毒、止泻	四季
中国蕨科	野鸡尾 *Onychium japonicum*	清热，利湿，止血	夏、秋
鳞毛蕨科	贯众 *Cyrtomium fortunei*	清热解毒，凉血止血	四季
水龙骨科	金鸡脚 *Phymatopsis hastata*	祛风清热，利湿解毒	春、夏
石松科	蛇足石松 *Lycopodium serratum*	清热解毒，祛瘀止血	夏、秋
铁角蕨科	铁角蕨 *Asplenium trichomanes*	清热，利尿，消炎	四季
水蕨科	水蕨 *Ceratopteris thalictroides*	散瘀拔毒，镇咳化痰，止痢，消积，止血，解毒	夏、秋
三白草科	蕺菜 *Houttuynia cordata*	清热解毒，利尿消肿	夏、秋
	三白草 *Saururus chinensis*	清热利尿，解毒消肿	四季
桑科	薜荔 *Ficus pumila*	祛风除湿；活血通络；解毒消肿	春、夏
	水蛇麻 *Fatoua villosa*	滋阴清热；凉血止痢	夏、秋
	葎草 *Humulus scandens*	清热解毒	春、夏、秋
	构树 *Broussonetia papyrifera*	利尿消肿，祛风湿	春、夏、秋
	桑 *Morus alba*	疏散风热、清肺润燥、清肝明目	春、夏、秋
荨麻科	冷水花 *Pilea notata*	清热利湿；退黄；消肿散结；健脾和胃	夏、秋
马兜铃科	马兜铃 *Aristolochia debilis*	解毒、利尿、理气止痛	秋
蓼科	金线草 *Antenoron filiforme*	凉血止血，散瘀止痛	秋
	何首乌 *Fallopia multiflorum*	养血滋阴；润肠通便；截疟；祛风；解毒	夏、秋
	蚕茧草 *Fallopia japonicum*	解毒消肿	夏、秋
	虎杖 *Rhizoma polygoni*	清热解毒，利胆退黄，祛风利湿，散瘀定痛，止咳化痰	春、秋
	藜 *Chenopodium album*	止泻、止痒	春、夏
	地肤 *Kochia scoparia*	清湿热、利尿	春、秋
苋科	青葙 *Celntea argentea*	祛风热，清肝火，清心益智	秋
	鸡冠花 *Celntea cristata*	花凉血、止血，种子消炎、明目、降压	夏、秋

续表

科	学名	功效	采收季节
苋科	苋 *Amaranthus tricolor*	驱虫去寒热，能通血脉，逐淤血	春、夏
	牛膝 *Achyranthes bidentata*	活血通经，补肝肾，强筋骨，利尿通淋	秋
	莲子草 *Achyranthes sessilis*	清热凉血，利湿消肿，拔毒止痒	夏、秋
商陆科	商陆 *Phytolacca acinosa*	通二便，泻水，散结	春、秋、冬
	美洲商陆 *Phytolacca americana*	止咳，利尿，消肿	夏、秋
番杏科	粟米草 *Mollugo pentaphylla*	清热解毒，利湿	秋
马齿苋科	马齿苋 *Portulaca oleracea*	清热解毒，预防痢疾	夏
柏科	侧柏 *Platycladus orientalis*	凉血止血	四季
海金沙科	海金沙 *Lygodium scandens*	利水渗湿，舒筋活络，通淋，止血	夏、秋
石竹科	石竹 *Dianthus chinensis*	利尿通淋，破血通经	夏、秋
	剪夏萝 *Lychnis coronata*	解热，镇痛，消炎，止泻	夏、秋
	牛繁缕 *Malachium aquaticum*	清热解毒，活血消肿	夏、秋
	繁缕 *Stellaria media*	清热解毒，散瘀止痛	夏、秋
	卷耳 *Cerastium viscosum*	祛风散热，解毒杀虫	夏、秋
金鱼藻科	金鱼藻 *Ceratophyllum demersum*	主治血热吐血、咯血、热淋涩痛	四季
毛茛科	石龙芮 *Ranunculus sceleratus*	热解毒、消肿散结、止痛、截疟	春、夏
	天葵 *Semiaquilegia adoxoides*	清热解毒、消肿止痛、利尿	夏、秋
	还亮草 *Delphinium anthriscifolium*	治风湿痛，半身不遂，痈疮癣癞	春、夏
	白头翁 *Pulsatilla chinensis*	清热解毒，凉血止痢	春、夏
	山木通 *Clematis finetiana*	祛风利湿，活血解毒	夏、秋
	茴茴蒜 *Ranunculus chinensis*	全草入药，有消炎、止痛、截疟、杀虫等功效	夏、秋
	毛茛 *Ranunculus japonicus*	利湿，消肿，止痛，退翳，截疟，杀虫	春、夏
	乌头 *Aconitum carmichael*	祛风除湿、温经止痛	春、夏
	鸡爪草 *Calathodes palmata*	清热除湿、凉血止血	夏、秋
木通科	木通 *Akebia quinata*	清心火，利小便，通经下乳	夏、秋
防己科	千金藤 *Stephania japonica*	清热解毒，利尿消肿，祛风活络	夏、秋
罂粟科	紫堇 *Corydalis edulis*	清热解毒，止痒，收敛，固精	夏、秋
	黄堇 *Corydalis pallida*	解毒，清热，利尿	夏
白花菜科	白花菜 *Cleome gynandra*	活血止痛、祛风散寒	夏
十字花科	诸葛菜 *Orychophragmus violaceus*	软化血管和阻止血栓	春
	荠菜 *Capsella bursa-pastoris*	和脾、利水、止血、明目	春、夏
	菘蓝 *Isatis indigotica*	清热解毒，凉血消斑	春、夏
茅膏菜科	茅膏菜 *Drosera peltata*	祛风止痛、活血、解毒	春、夏
银杏科	银杏 *Ginkgo biloba*	敛肺气，定喘嗽，止带浊，缩小便，消毒杀虫	秋、冬

续表

科	学名	功效	采收季节
景天科	瓦松 Orostachys fimbriatus	清热解毒，止血，利湿，消肿	夏、秋
	景天 Sedum erythrostictum	祛风利湿，活血散瘀，止血止痛	夏
	景天三七 Sedum aizoon	止血、止痛、散瘀消肿	夏、秋
	垂盆草 Sedum sarmentosum	清热解毒、消肿	夏、秋
	佛甲草 Sedum ineare	清热，消肿，解毒	夏、秋
虎耳草科	虎耳草 Saxifraga stolonifera	祛风清热，凉血解毒	夏、秋
	落新妇 Astilbe grandis	祛风、清热、止咳	夏、秋
蔷薇科	悬钩子 Rubus simplex	涩精益肾、助阳明目、醒酒止渴、化痰解毒	夏、秋
	蛇莓 Duchesnea indica	清热，凉血，消肿，解毒	夏、秋
	翻白草 Potentilla discolor	清热，解毒，止痢止血	夏、秋
豆科	葛藤 Puearia lobata	清凉解毒、消炎去肿	夏、秋
	野大豆 Glycine soja	健脾、解毒透疹、养肝理脾	秋
	苦参 Sophora flavescens	清热燥湿，杀虫，利尿	夏、秋
酢浆草科	酢浆草 Oxalis corniculata	清热解毒，消肿散结	春、夏
茜草科	茜草 Rubia cordifolia	凉血止血、活血化瘀	春、秋
大戟科	地锦 Euphorbia humifusa	祛风止痛，活血通络	秋
	泽漆 Euphorbia helioscopia	利水消肿，化痰止咳，散结	夏、秋
	大戟 Euphorbia pekinensis	泻水逐饮、消肿散结	秋
卫矛科	南蛇藤 Celastrus orbiculatus	安神解郁、活血止痛	全年
葡萄科	蛇葡萄 Ampelopsis brevipedunculata	消食清热，凉血	夏、秋
锦葵科	锦葵 Malva sinensis	利尿通便，清热解毒	夏、秋
堇菜科	堇菜 Viola verecunda	清热解毒，凉血消肿	夏、秋
胡颓子科	木半夏 Elaeagnus multiflora	解毒消肿，活血行气	夏、秋
菱科	野菱 Trapa incisa	补脾健胃，生津止渴，解毒消肿	夏、秋
五加科	中华常春藤 Hedera nepalensis var. sinensis	祛风利湿，活血消肿	夏
	土当归 Aralia cordata	除风和血。治关节痛、闪挫	春、秋
伞形科	明党参 Changium smyrnioides	补中益气，和胃养血	春
	窃衣 Torilis scabra	驱虫止泻，收湿止痒	夏、秋
	野胡萝卜 Daucus carota	消肿、化痰	秋
	小茴香 Feoniculus vulgare	开胃进食，理气散寒，有助阳道	夏、秋
	蛇床 Cnidium monnieri	解毒杀虫，燥湿，祛风	夏、秋
报春花科	过路黄 Lysimachia christinae	利水通淋，清热解毒，散瘀消肿	夏、秋
	珍珠菜 Lysimachia clethroides	活血调经，利水消肿	秋
夹竹桃科	络石 Trachelospermum jasminoides	祛风通络、凉血消肿	夏、秋
旋花科	马蹄金 Dichondra repens	清热、利湿、解毒	四季
	菟丝子 Cuscuta chinensis	补肾益精，养肝明目，健脾固胎	秋

续表

科	学名	功效	采收季节
旋花科	牵牛 *Pharhiris nil*	泻下、利尿、消肿、驱虫	夏、秋
马鞭草科	黄荆 *Vitex negundo*	清热止咳，化痰截疟	四季
牻牛儿苗科	老鹳草 *Geranium wilfordii*	祛风湿，通经络，止泻利	夏、秋
唇形科	筋骨草 *Ajuga decumbens*	镇咳、祛痰、平喘	四季
	紫背金盘 *Ajuga nipponensis*	消炎，凉血，接骨	秋
	益母草 *Leonurus heterophyllus*	活血调经，利尿消肿	夏、秋
	夏枯草 *Prunella vulgaris*	清肝、散结、利尿	夏
	丹参 *Salvia miltiorrhiza*	活血调经，祛瘀止痛，凉血消痈，清心除烦，养血安神	夏、秋
	半支莲 *Scutellaria barbata*	消肿解毒	夏、秋
	紫花香薷 *Elsholtzia argyi*	发汗解暑，行水散湿，温胃调中	夏、秋
	藿香 *Agastache rugosa*	祛暑解表，化湿和胃	夏、秋
	牛至 *Origanum vulgare*	解表，理气止痛	夏、秋
	薄荷 *Mentha haplocalyx*	清新怡神，疏风散热	四季
	紫苏 *Perilla frutescens*	发汗解表，理气宽中，解鱼蟹毒	夏、秋
	活血丹 *Glechoma longituba*	利湿通淋，清热解毒，散瘀消肿	夏、秋
玄参科	婆婆纳 *Veronica didyma*	凉血止血，理气止痛	春
	地黄 *Rehmannia glutinosa*	清热凉血，生津润燥	春、夏
	威灵仙 *Radix clematidis*	祛风除湿，通络止痛，消痰水，散癖积	秋
石榴科	石榴 *Punica granatum*	杀虫、收敛、涩肠、止痢	秋
车前科	车前 *Plantago aciatica*	清热利尿，渗湿止泻，明目，祛痰	夏、秋
忍冬科	金银花 *Lonicera japonica*	清热解毒	春、夏
	接骨草 *Sambucus chinensis*	活血散瘀，消肿止咳	春、夏
桔梗科	杏叶沙参 *Adenophora stricata*	主治强中、消渴	夏、秋
茄科	白英 *Solanum lyratum*	清热利湿，解毒消肿	夏、秋
	龙葵草 *Solanum nigrum*	清热解毒，活血消肿	夏、秋
苦木科	臭椿 *Ailanthus altissima*	清热燥湿、止血	秋
薯蓣科	薯蓣 *Dioscorea opposita*	健脾、滋精固肾	夏、秋
芸香科	枳 *Poncirus trifoliata*	疏肝和胃，理气止痛，消积化滞	夏、秋
菊科	马兰 *Aster ageratoides*	清热解毒，散瘀止血，利湿，消食，消积	夏、秋
	野菊 *Chrysanthemum indicum*	清热解毒、凉血降压	春、夏
	菊花脑 *Chrysanthemum nankingense*	清热凉血、调中开胃和降血压	春、夏
	茵陈蒿 *Artemisia capillaris*	治疗黄疸型、无黄疸型传染性肝炎	春季苗高3寸时采收
	青蒿 *Artemisia apiacea* Hance	清透虚热，凉血除蒸，截疟	秋
	野艾蒿 *Artemisia avandulaefolia*	解暑，退虚热	夏、秋
	苍术 *Atractylodes lancea*	燥湿健脾，祛风散寒，明目	春、秋
	蓟 *Cirsium japonicum*	凉血止血、散瘀消肿	夏、秋

科	学名	功效	采收季节
菊科	蒲公英 *Taraxacum mongolicum*	利尿、缓泻、退黄疸、利胆	春、夏
	苍耳 *Xanthium sibiricum*	祛风除湿，通络止痛	秋
百合科	萱草 *Hemerocallis fulva*	清热利尿，凉血止血	春、夏
	麦冬 *Ophiopogon japonicus*	养阴生津，润肺清心	四季
	紫萼 *Hosta ventricosa*	散瘀止痛、解毒	夏、秋
	天门冬 *Asparagus cochinchinensis*	养阴清热，润肺滋肾	四季
	卷丹 *Lilium lancifolium*	清热润肺，宁心安神	秋、冬
	多花黄精 *Polygonatum cyrtonema*	滋肾润肺，补脾益气	春、秋
	玉竹 *Polygonatum odoratum*	滋阴润肺，养胃生津	春、秋
	吉祥草 *Reineckea carnea*	润肺止咳，祛风，接骨	春、夏、秋
	玉簪 *Hosta plantaginea*	清热解毒，散结消肿	夏、秋
	百部 *Stemona japonica*	润肺下气止咳，杀虫	夏、秋
禾本科	白茅 *Imperata cylindrica* var. *major*	凉血，止血，清热利尿	夏、秋
	芒 *Microstegium sinensis*	散血去毒	秋
莎草科	莎草 *Cyperus rotundus*	行气开郁，祛风止痒，宽胸利痰	春、夏
石蒜科	石蒜 *Lycoris radiata*	消肿，杀虫	四季
天南星科	半夏 *Pinellia pedatisecta*	燥湿化痰，和胃止呕	夏
	菖蒲 *Acorus calamus*	辟秽开窍，宣气逐痰，解毒，杀虫	夏、秋
	石菖蒲 *Acorus tatarinowii*	化湿开胃，开窍豁痰，醒神益智	早春、冬末
香蒲科	香蒲 *Typha orientalis*	止血；祛瘀；利尿	夏、秋
鸭跖草科	鸭跖草 *Commelina communis*	清热解毒，利水消肿	夏
鸢尾科	马蔺 *Iris lactea* var. *chinensis*	清热解毒，止血	夏、秋
	射干 *Belamcanda chinensis*	清热解毒、祛痰止咳、活血化瘀	夏、秋
泽泻科	泽泻 *Alisma plantago-aquatica* var. *orientale*	利水渗湿，泄热	夏、秋
雨久花科	雨久花 *Monochoria korsakowii*	清热解毒	夏、秋
兰科	白芨 *Bletilla striata*	补肺，止血，消肿，生肌，敛疮	夏、秋
木樨科	女贞 *Ligustrum lucidum*	强阴，健腰膝，明目	秋
楝科	楝树 *Melia azedarach*	祛风除湿 杀虫止痒，清热止痢	夏、秋
柽柳科	柽柳 *Tamarix chinensis*	疏风散寒，解表止咳，升散透疹，祛风除湿，消痞解酒	夏、秋

（二）农药植物

植物农药是指利用对其他植物的病虫害有毒的植物或其有效成分制成的农药。除虫菊、鱼藤、烟草中所含的有效成分除虫菊素、鱼藤酮、烟碱等均是。这一类农药不仅对人、畜安全，而且不污染环境，因此这类农药是今后发展的重点之一。

在"军山自然生态区"植物资源中，具有开发植物农药潜力的仅有1种，即卫矛科的南蛇藤（*Celastrus orbiculatus*），含有β-谷幽醇、生物碱和蛋白质等成分，具有胃毒、拒食、忌避作用和抑制害虫生长发育繁殖和内吸作用等。

四、工业用植物

工业用植物资源类别繁多，可分为木材植物、纤维植物、胶类植物、染料植物和能源植物等等。

（一）木材植物

科名	学名	材质特点	用途
松科	雪松 *Cedrus deodara*	有脂材，材质优良，结构细密，耐腐	建筑、家具等用材
柏科	侧柏 *Platycladus orientalis*	有脂材，材质优良，纹理直、结构细、耐腐	建筑、车船和器具等用材
榆科	榆树 *Ulmus pumila*	木质坚韧，纹理通达清晰，剖面光滑	可供家具、装修等用，可制雕漆工艺品
桑科	构树 *Broussonetia papyrifera*	材质轻、松软、洁白、纤维长、不变形	主要用于造纸
	桑 *Morus alba*	材质坚硬、耐久、色彩美观、纹理细致、剖面光洁	制作家具、农具、乐器和装饰用品
蔷薇科	桃 *Amygdalus persica*	木质细腻，木体清香	桃木工艺品
	李 *Prunus salicina*	质硬	做家具、薪材和小器具用材
苦木科	臭椿 *Ailanthus altissima*	纹理直、结构粗、材质重、具光泽	供家具、建筑和纸浆用材
楝科	香椿 *Toona sinensis*	纹理美丽，质坚硬，有光泽，耐腐力强	家具、室内装饰品及造船
柿树科	柿树 *Diospyros kaki*	致密质硬，强度大，韧性强	做纺织木梭、芋子、线轴，也可做家具箱盒等
木樨科	女贞 *Ligustrum lucidum*	木材细密	供细木工用材
玄参科	毛泡桐 *Paulownia tomentosa*	耐腐、耐酸碱、耐磨损、纹理优美、细腻	供抽屉和床板用材

（二）纤维植物

纤维植物是指植物体某一部分的纤维细胞特别发达，能够产生植物纤维并作为主要用途而被利用的植物，它广泛地用做编织、造纸、纺织等工业的原材料。

"军山自然生态区"可作为纤维植物的种类

科名	学名	利用部位	用途
榆科	榆树 *Ulmus pumila*	树皮	纤维可代麻
桑科	构树 *Broussonetia papyrifera*	茎皮	造纸
桑科	桑 *Morus alba*	木材、树皮	造纸、纺织

续表

科名	学名	利用部位	用途
桑科	葎草 *Humulus scandens*	茎皮	造纸
卫矛科	南蛇藤 *Celastrus orbiculatus*	茎皮	纤维
菊科	苍耳 *Xanthium sibiricum*	茎皮	纤维、造纸
禾本科	狗尾草 *Setaria viridis*	全草	纤维、造纸
禾本科	大油芒 *Spodiopogon sibiricus*	茎叶	造纸、草鞋、搓绳

（三）胶类植物

科名	学名	来源部位	用途
柏科	侧柏 *Platycladus orientalis*	树干分泌	药用、制可可脂
蔷薇科	桃 *Amygdalus persica*	树干分泌	药用、胶黏剂
蔷薇科	李 *Prunus salicina*	树干分泌	药用、胶黏剂
蔷薇科	沙梨 *Pyrus pyrifolia*	树干分泌	药用、胶黏剂
车前科	车前 *Plantago asiatica*	种子	不详

（四）染料植物

今年以来，随着人们环保意识的增强，开始逐渐认识到，化学合成染料对人体的健康和环境产生严重的损害和破坏，于是人们又重新提及植物染料。

在"军山自然生态区"的植物资源中，至少有1种植物可以用作染料，即茜草科的茜草（*Rubia cordifolia*），春秋季采收其根部用作红色染料。

（五）能源植物

在"军山自然生态区"的植物资源中，没有发现目前所公认的能源植物，但许多植物种类在将来都可能成为能源植物。如生长迅速、高生产量、强抗性的构树，富含油脂的一些植物，还有禾本科中的一些速生和高生产量的种类。值得一提的是，萝藦科的萝藦（*Metaplexis japonica*），有人初步研究过其富含的乳汁，认为很有希望开发成为能源植物。

五、油脂植物

植物油脂广泛存在于植物界，它们的果实、种子、花粉、孢子、茎、叶、根等器官都含有油脂，由于其部位不同，含油量也有多有少，但一般以种子含油量最为丰富。

"军山自然生态区"食用油脂植物

科名	学名	部位	含油量	利用方式
柏科	侧柏 *Platycladus orientalis*	种子	8.2% ~ 17.5%	药用、香料
榆科	榆树 *Ulmus pumila*	种子	18.7% ~ 25.5%	食用
桑科	葎草 *Humulus scandens*	种子	22.5%	不详
	桑 *Morus alba*	种子	27.6% ~ 35.2%	食用
蓼科	皱叶酸模 *Polygonum lapathifolium*	种子	18.4%	药用、食用
	地肤 *Kochia scoparia*	种子	16%	药用、食用
	藜 *Chenopodium album*	种子	5.54% ~ 14.86%	药用
木兰科	玉兰 *Magnolia denudata*	种子	20%	芳香油
十字花科	芥菜 *Capsella bursa-pastoris*	种子	20.26%	不详
	诸葛菜 *Orychophragmus violaceus*	种子	35.8%	食用
豆科	野大豆 *Glycine soja*	种子	18% ~ 22%	食用
卫矛科	南蛇藤 *Celastrus orbiculatus*	种子	16.3%	药用、工业用
菊科	苍耳 *Xanthium sibiricum*	种子	42.5%	药用、有毒
苦木科	臭椿 *Ailanthus altissima*	种子	56%	工业用
鼠李科	枣 *Ziziphus jujuba*	种子	不详	食用、药用
	酸枣 *Ziziphus jujuba* var.*spinosa*	种子	不详	食用、药用
唇形科	细叶益母草 *Leonurus sibiricus*	种子	不详	药用

六、景观植物

包括防风固沙植物、水土保持植物、绿肥植物、园林绿化植物、指示植物、抗污染植物等等。

（一）绿肥植物

绿肥，指以新鲜植物体直接施入土壤、池塘中或经堆沤做肥料用的绿色植物。

"军山自然生态区"适合用作绿肥的植物种类

科名	学名	生活型	繁殖方式
石竹科	繁缕 *Stellaria media*	一年生草本	播种
豆科	野大豆 *Glycine soja*	一年生草本	播种
浮萍科	紫萍 *Spirodela polyrrhiza*	一年生草本	营养繁殖
雨久花科	凤眼蓝 *Eichhornia crassipes*	一年生草本	营养繁殖

（二）园林植物

在"军山自然生态区"的植物资源中，适合做园林绿化植物的种类繁多，有园林树木、绿化灌木、观赏花草，也有适合垂直绿化的藤本植物，主要有以下86种。

科名	学名	生活型
葡萄科	地锦 *Parthenocisus tricuspidata*	草质藤本
玄参科	婆婆纳 *Veronica polita*	一年至二年生草本
天南星科	菖蒲 *Acorus calamus*	多年生草本
	石菖蒲 *Acorus gramineus*	多年生草本
禾本科	早熟禾 *Poaannua* L.	多年生草本
	狗牙根 *Cynodon dactylon*	多年生草本
	刚竹 *Phyllostachys sulphurea*	多年生草本
豆科	白车轴草 *Trifolium repens*	多年生草本
芭蕉科	芭蕉 *Musa basjoo*	多年生草本
蔷薇科	蛇莓 *Duchesnea indica*	多年生草本
车前科	车前 *Plantago asiatica*	多年生草本
酢浆草科	酢浆草 *Oxalis corniculata*	多年生草本
	红花酢浆草 *Oxalis corymbosa*	多年生草本
旋花科	马蹄金 *Dichondra repens*	多年生草本
百合科	麦冬 *Ophiopogon japonicus*	多年生草本
石蒜科	石蒜 *Lycoris radiata*	多年生草本
泽泻科	慈姑 *Sagittaria trifolia*	多年生草本
美人蕉	美人蕉 *Canna indica*	多年生草本
小檗科	南天竹 *Nandina domestica*	灌木
鸢尾科	鸢尾 *Iris tectorum*	多年生草本
卫矛科	扶芳藤 *Euonymus fortunei*	木质藤本
夹竹桃科	络石 *Trachelospermum jasminoides*	木质藤本
	花叶蔓长春花 *Vinca major*	木质藤本
	夹竹桃 *Nerium indicum*	灌木
木樨科	桂花 *Osmanthus fragrans*	灌木、小乔木
	女贞 *Ligustrum lucidum*	乔木
	白蜡 *Fraxinus chinensis*	乔木
桑科	桑 *Morus alba*	小乔木
	柘 *Cudrania tricuspidata*	乔木
	构树 *Broussonetia papyifera*	乔木
黄杨科	黄杨 *Buxus sinica*	灌木
	大叶黄杨 *Buxus megistophylla*	灌木
卫矛科	丝棉木 *Euonymus maackii*	乔木
海桐花科	海桐 *Pittosporum tobira*	灌木
虎耳草科	白溲疏 *Deutzia albida*	灌木
忍冬科	珊瑚树 *Viburnum odoratissimum*	灌木
蔷薇科	火棘 *Pyracantha fortuneana*	灌木
	石楠 *Photinia serrulata*	灌木
石榴科	石榴 *Punica granatum*	小乔木
茜草科	六月雪 *Serissa japonica*	小灌木
茄科	珊瑚樱 *Solanum pseudocapsicum*	小乔木
五加科	八角金盘 *Fatsia japonica*	灌木

续表

科名	学名	生活型
芸香科	花椒 *Zanthoxylum bungeanum*	小乔木
	山橘 *Fortunella hindsii*	灌木
	香橼 *Citrus medica*	乔木
槭树科	三角枫 *Acer buergerianum*	乔木
槭树科	鸡爪槭 *Acer palmatum*	小乔木
鼠李科	枣 *Ziziphus jujuba*	乔木
柏科	侧柏 *Platycladus orientalis*	乔木
	龙柏 *Sabina chinensis*	乔木
	刺柏 *Juniperus formosana*	乔木
松科	雪松 *Cedrus deodara*	乔木
	黑松 *Pinus thunbergii*	乔木
	日本五针松 *Pinus parviflora*	小乔木
罗汉松科	罗汉松 *Podocarpus macrophyllus*	乔木
银杏科	银杏 *Ginkgo biloba*	乔木
杉科	水杉 *Metasequoia glyptostroboides*	乔木
	池杉 *Taxodium ascendens*	乔木
胡桃科	枫杨 *Pterocarya stenoptera*	乔木
杨柳科	毛白杨 *Populus tomentosa*	乔木
	垂柳 *Salix babylonica*	乔木
梧桐科	梧桐 *Firmiana platanifolia*	乔木
棕榈科	棕榈 *Trachycarpus fortunei*	乔木
大戟科	乌桕 *Sapium sebiferum*	乔木
玄参科	白花泡桐 *Paulownia fortunei*	乔木
楝科	楝树 *Melia azedarach*	乔木
金缕梅科	枫香 *Liquidambar formosana*	乔木
千屈菜科	紫薇 *Lagerstroemia indica*	小乔木
豆科	紫荆 *Cercis chinensis*	大灌木
	龙爪槐 *Sophora japonica*	乔木
	毛洋槐 *Robinia hispida*	乔木
悬铃木科	悬铃木 *Platanus ×acerifolia*	乔木
木兰科	广玉兰 *Magnolia grandiflora*	乔木
冬青科	冬青 *Ilex chinensis*	乔木
蔷薇科	垂丝海棠 *Malus halliana*	灌木
	桃 *Amygdalus persica*	小乔木
	李 *Prunus salicina*	小乔木
	沙梨 *Pyrus pyrifolia*	小乔木
樟科	香樟 *Cinnamomum camphora*	乔木
苦木科	臭椿 *Ailanthus altissima*	乔木
柿科	柿 *Diospyros kaki*	乔木
无患子科	栾树 *Koelreuteria paniculata*	乔木

续表

科名	学名	生活型
榆科	榉树 Zelkova serrata	乔木
	榔榆 Ulmus parvifolia	乔木
	朴树 Celtis sinensis	乔木
紫葳科	梓 Catalpa ovata	乔木

（三）指示植物

指示植物，指一定区域范围内能指示生长环境或某些环境条件的植物类群或群落。

在"军山自然生态区"的植物资源中，具有典型指示作用的植物种类主要有3种。

科名	学名	生活型	指示类别
柏科	圆柏 Juniperus clunensis	木本	石灰性土壤
	侧柏 Platycladus orientalis	木本	石灰性土壤
桑科	葎草 Humulus scandens	草质藤本	富氮土壤

（四）抗污染植物

"军山自然生态区"由于受人类活动干扰较为严重，不少植物对空气污染、土壤污染以及水体污染等均具有较强的抗性，这里选择了主要的21种抗污染植物，见下表所示。

科名	学名	生活型	抗污染类别
柏科	圆柏 Juniperus clunensis	乔木	空气（灰尘、二氧化硫）
柏科	侧柏 Platycladus orientalis	乔木	空气（灰尘、二氧化硫）
杨柳科	毛白杨 Populus tomentosa	乔木	空气（灰尘、二氧化硫）
榆科	榆树 Ulmus pumila	乔木	空气（灰尘、二氧化硫）
桑科	构树 Broussonetia papyrifera	乔木	空气（灰尘、二氧化硫）
桑科	葎草 Humulus scandens	草质藤本	空气污染、土壤污染
藜科	地肤 Kochia scoparia	一年生草本	空气污染、土壤污染
藜科	藜 Chenopodium album	灌木	空气污染、土壤污染
马齿苋科	马齿苋 Portulaca oleracea	一年生草本	空气污染、土壤污染
悬铃木科	美国梧桐 Platanus occidentalis	乔木	空气污染、土壤污染
苦木科	臭椿 Ailanthus altissima	乔木	空气污染
鼠李科	枣 Ziziphus jujuba	乔木	空气污染
鼠李科	酸枣 Ziziphus jujuba var.spinosa	灌木	空气污染
木樨科	女贞 Ligustrum lucidum	小乔木	空气污染
葡萄科	地锦 Parthenocissus tricuspidata	木质藤本	空气污染
玄参科	毛泡桐 Paulownia tomentosa	乔木	空气污染、土壤污染
萝藦科	萝藦 Metaplexis japonica	草本	空气污染、土壤污染

续表

科名	学名	生活型	抗污染类别
菊科	茵陈蒿 *Artemisia capillaris*	草本	空气污染、土壤污染
菊科	野艾蒿 *Artemisia lavandulifolia*	草本	空气污染、土壤污染
菊科	苍耳 *Xanthium sibiricum*	草本	空气污染、土壤污染
雨久花科	凤眼蓝 *Eichhornia crassipes*	草本	水体污染、重金属污染

附录4 "军山自然生态区"主要动物名录总表

（保护级别：国家一级 I 国家二级 II）

序号	目/科		动物名称	拉丁名
I	鸟 类			
1		䴙䴘科	小䴙䴘	*Tachybatus ruficollis*
2			白鹭	*Little egret*
3			夜鹭	*Nycticorax nycticorax*
4	鹳形目	鹭科	池鹭	*Ardeola bacchus*
5			牛背鹭	*Bubulcus ibis*
6			苍鹭	*Ardea cinerea*
7			白胸苦恶鸟	*Amaurornis phoenicurus*
8		秧鸡科	黑水鸡	*Gallinulachloropus*
9			骨顶鸡	*Fulica atra*
10			雀鹰	*Accipiter nisus*
11			松雀鹰	*Accipiter virgatus*
12	隼形目	鹰科	苍鹰	*Accipiter gentilis*
13			普通鵟	*Buteo buteo*
14			赤腹鹰	*Accipiter soloensis*
15		隼科(II)	红隼	*Falco tinnunculus*
16			灰背隼	*Falco columbarius*
17			丘鹬	*Scolopax rusticola*
18		鹬科	白腰草鹬	*Tringa ochropus*
19	鸻形目		林鹬	*Tringa glareola*
20		鸻科	凤头麦鸡	*Vanellus vanellus*
21			金眶鸻	*Charadrius dubius*
22	鸥形目	鸥科	海鸥	*Larus canus*
23			红嘴鸥	*Larus ridibundus*
24	鸽形目	鸠鸽科	珠颈斑鸠	*Streptopelia chinensis*
25			山斑鸠	*Streptopelia orientalis*
26	鸮形目	鸱鸮科	长耳鸮(II)	*Asio otus*
27		翠鸟科	普通翠鸟	*River kingfisher*
28	佛法僧目	戴胜科	戴胜	*Upupa epops*
29		佛法僧科	三宝鸟	*Eurystomus orientalis*
30	䴕形目	啄木鸟科	大斑啄木鸟	*Dendrocopos major*
31			灰头绿啄木鸟	*Picus canus*
32		燕科	家燕	*Hirundo rustica*
33			白鹡鸰	*Motacilla alba leucopsis*
34	雀形目	鹡鸰科	黄鹡鸰	*Motacilla flava*
35			树鹨	*Anthus hodgsoni*
36		鹎科	白头鹎	*Pycnonotus sinensis*

续表

序号	目/科		动物名称	拉　丁　名
I			鸟　类	
37		鸭科	绿鹦嘴鹎	*Spiaisos semitorques*
38		伯劳科	棕背伯劳	*Lanius schach*
39			牛头伯劳	*Lanius bucephalus*
40		椋鸟科	灰椋鸟	*Sturnus cineraceus*
41			丝光椋鸟	*Sturnus sericeus*
42			八哥	*Acridotheres cristatellus*
43		鸦科	灰喜鹊	*Cyanopica cyanus*
44			喜鹊	*Pica pica*
45			红嘴蓝鹊	*Urocissa erythrorhyncha*
46			松鸦	*Garrulus glandarius*
47		鹟科	北灰鹟	*Muscicapa dauurica*
48			黄眉柳莺	*Phylloscopus inornatus*
49			虎斑地鸫	*Zoothera dauma*
50			黑脸噪鹛	*Garrulax perspicillatus*
51			红嘴相思鸟	*Leiothrix lutea*
52			东方大苇莺	*Acrocephalus orientalis*
53			黑眉苇莺	*Acrocephalus bistrigiceps*
54	雀形目	鸫亚科	红胁蓝尾鸲	*Tarsiger cyanurus*
55			鹊鸲	*Magpie robin*
56			北红尾鸲	*Phoenicurus auroreus*
57			红喉歌鸲	*Luscinia calliope*
58			灰背鸫	*Turdus hortulorum*
59			乌鸫	*Turdus merula*
60			斑鸫	*Turdus naumanni*
61			红嘴相思鸟	*Leiothrix lutea*
62		画眉亚科	画眉	*Garrulax canorus*
63			黑顶噪鹛	*Garrulax affinis*
64			棕头鸦雀	*Paradoxornis webbianus*
65		莺亚科	褐柳莺	*Phylloscopus fuscatus*
66			黄腰柳莺	*Phylloscopus proregulus*
67		山雀科	大山雀	*Parus major*
68			银喉长尾山雀	*Aegithalos caudatus*
69		绣眼鸟科	暗绿绣眼鸟	*Zosterops japonicus*
70		文鸟科	斑文鸟	*Lonchura punctulata*
71			白腰文鸟	*Lonchura striata*
72			树麻雀	*Passer montanus*
73		雀科	黑尾蜡嘴雀	*Eophona migratoria*
74			黑头蜡嘴雀	*Eophona personata*

续表

序号	目/科			动物名称	拉 丁 名
I	鸟 类				
75	雀形目	雀科		金翅雀	*Carduelis sinica*
76				黄喉鹀	*Emberiza elegans*
77				小鹀	*Emberiza pusilla*
78				黄雀	*Carduelis spinus*
79				田鹀	*Emberiza rustica*
80		百灵科		云雀	*Alauda arvensis*
81		山椒鸟科		灰山椒鸟	*Pericrocotus divaricatus*
82	鸡形目	雉科		雉鸡	*Phasianus colchicus*
II	昆 虫 类				
83	蜘蛛目	蜘蛛科		蜘蛛	Araneida
84		长脚蛛科		长脚蜘蛛	*Tetragnathidae*
85	竹节虫目	虫修科		竹节虫	*Gongy10pus adyposus*
86	直翅目	斑翅蝗科		云斑车蝗	*Gastrimargus marmoratus*
87		蝗科		蝗虫	Acrididae
88		螽蟖科统称		螽蟖	*Holochlora nawae*
89		蚱蜢科		蚱蜢	Acrida
90		蟋蟀科		蟋蟀	Gryllidae
91	鞘翅目	犀金龟科		双叉犀金龟	*Allomyrina dichotoma*
92		锹甲科		巨锯锹甲	*Dorcus titanus*
93		瓢虫科		瓢虫	*Coccinellanovemnotata*
94		叩头甲科		沟叩头甲	*Pleonomus canaliculatus Faldermann*
95		叶甲科		叶甲	*leaf beetle*
96		天牛科		天牛	Cerambycidae
97		萤科		萤火虫	Lampyridae
98	膜翅目	姬蜂科		刺蛾紫姬蜂	*Chlorocryptus purpuratus*
99				姬蜂	Ichneumqnidae
100		胡蜂科		胡蜂	Vespidae
101				黑胸胡蜂	*Vespa nigrithorax*
102		蜜蜂科		蜜蜂	Apoidea
103	鳞翅目	毒蛾科		皎星黄毒蛾	*Euproctis bimaculata*
104				乌桕黄毒蛾	*Euproctis bipunctapex*
105				华竹毒蛾	*Pantana sinica*
106				模毒蛾	*Lymantria monacha*
107		夜蛾科		小地老虎	*Agrotis ypsilon*
108				烟实夜蛾	*Heliothis assulta*
109				超桥夜蛾	*Anomis maxima*
110				暗翅夜蛾	*Dypterygia caliginosa*

续表

序号	目/科		动物名称	拉　丁　名
II	昆　虫　类			
111		夜蛾科	毛翅夜蛾	*Lagoptera juno*
112			鸟嘴壶夜蛾	*Oraesia excavate*
113			斜纹夜蛾	*Prodenia litura*
114			玫瑰巾夜蛾	*Parallelia arctotaenia*
115			毛胫夜蛾	*Mocis undata*
116			棉铃虫	*Heliothis armigera*
117			黏虫	*Leucania separate*
118		苔蛾科	丹美苔蛾	*Miltochrista sanguine*
119			优美台蛾	*Miltochrista striata*
120		螟蛾科	黄翅缀叶野螟	*Botyodes diniasalis*
121			黄杨绢野螟	*Diaphania perspectalis*
122			豆荚螟	*Etislla zinckenella*
123			褐巢螟	*Hypsopygia regina*
124		卷蛾科	后黄卷蛾	*Archips asiaticus*
125		鹿蛾科	广鹿蛾	*Amata emma*
126	鳞翅目	野螟科	豆荚野螟	*Maruca testulalis*
127		尺蛾科	桑尺蠖	*Phthonandria atrilineata*
128			泼墨尺蛾	*Ninodes splendens*
129			合欢庶尺蛾	*Semiothisa defixaria*
130			榛金星尺蛾	*Calospilos sylvata*
131			长眉眼尺蛾	*Problepsis change*
132			忍冬尺蛾	*Somatina indicataria*
133			丝棉木金星尺蠖	*Calospilos suspecta*
134			金星尺蠖	*Geometridae*
135			未定名	*Cabera purus*
136		天蛾科	咖啡透翅天蛾	*Cephonodea hylas*
137			黑长喙天蛾	*Macroglossum pyrrhosticta*
138			甘薯天蛾	*Agrius convolvuli*
139		灯蛾科	未定名	*Spilarctia sp.*
140			昏斑污灯蛾	*Spilarctia irregularis*
141			星白雪灯蛾	*Spilosoma menthastri*
142		大蚕蛾科	绿尾大蚕蛾	*Actias selene* Subsp. *ningpoana*
143		舟蛾科	舟蛾	*Notodontidae*
144	双翅目	食蚜蝇科	食蚜蝇	*Syrphidae*

序号	目/科		动物名称	拉 丁 名
II	昆 虫 类			
145	双翅目	蝇科	苍蝇	Muscidae
146	等翅目	蚁总科	白蚁	Termitidae
147	半翅目	蝽科通称	蝽	Pentatomidae
148	同翅目	蜡蝉科	斑衣蜡蝉	*Lycorma delicatula*
149		蝉科	蝉	Cicadidae
150		蝉科	蟪蛄	*Platypleura kaempferi*
151		广翅蜡蝉科	广翅蜡蝉	*Ricania speculum*
152	螳螂目	螳螂科	中华大刀螳	*Tenodera aridifolia*
153			螳螂	Mantidea
154	蜻蜓目	束翅亚目科（美螅科）	豆娘	Caenagrion
155		蜻蜓科	蜻蜓	Odonata
156		均翅亚目螅科	螅	*Coenagrionidae kirby*
蝴 蝶 类				
157	鳞翅目	凤蝶科	麝凤蝶	*Byasa alcinous*
158			灰绒麝凤蝶	*Byasa mencius*
159			碧凤蝶	*Princeps bianor*
160			蓝凤蝶	*Papilio protenor*
161			玉带凤蝶	*Papilio polytes*
162			柑橘凤蝶	*Princeps xuths*
163			金凤蝶	*Papilio machaon*
164			青凤蝶	*Graphium machaon*
165			丝带凤蝶	*Sreicinus montelus*
166		粉蝶科	斑缘豆粉蝶	*Colias erate*
167			宽边黄粉蝶	*Eurema hecabe*
168			菜粉蝶	*Pieris rapae*
169			东方粉蝶	*Pieris canidia*
170			黑纹粉蝶	*Artogeia melete*
171			黄尖襟粉蝶	*Anthocharis scolymus*
172		斑蝶科	大绢斑蝶	*Parantica sita*
II	昆 虫 类			
173	鳞翅目	眼蝶科	蒙链荫眼蝶	*Neope muirheadii*
174			稻眉眼蝶	*Mycalesis gotama*
175		蛱蝶科	二尾蛱蝶	*Polyura narcaea*
176			白带螯蛱蝶	*Charaxes bernardus*
177			柳紫闪蛱蝶	*Apatura ilia*
178			黑脉蛱蝶	*Hestina assimilis*

续表

序号	目/科		动物名称	拉　丁　名
179	鳞翅目	蛱蝶科	斐豹蛱蝶	*Argyreus hyperbius*
180			大红蛱蝶	*Vanessa indica*
181			小红蛱蝶	*Vanessa cardui*
182			琉璃蛱蝶	*Kaniska canace*
183			白钩蛱蝶	*Polygonia c-album*
184			黄钩蛱蝶	*Polygonia c-aureum*
185			翠蓝眼蛱蝶	*Junonia orithya*
186			美目蛱蝶	*Precis almana*
187			残锷线蛱蝶	*Limenitis sulpitia*
188		灰蝶科	蚜灰蝶	*Taraka hamada*
189			尖翅银灰蝶	*Curetis acuta*
190			红灰蝶	*Lycaena phlaeas*
191			亮灰蝶	*Lampides boeticus*
192			酢浆灰蝶	*Pseudozizeeria maha*
193			点玄灰蝶	*Tongeia filicudis*
194			琉璃灰蝶	*Celastrina argiola*
195			大紫琉璃灰蝶	*Celastrina oreas*
196			曲纹紫灰蝶	*Chilades pandava*
197			霓纱燕灰蝶	*Rapala nissa*
198			蓝灰蝶	*Everes argiades*
199		弄蝶科	直纹稻弄蝶	*Parnara guttata*
200			姜弄蝶	*Udaspes folus*
Ⅲ	其 它 动 物 类			
201	单向蚓目		蚯蚓	*Earthworm*
202	十足目	蝲蛄科	克氏原螯虾	*Procambarus clarkii*
203		方蟹科	中华绒螯蟹	*Eriocheir sinensis*
204			蟛蜞	*Sesarma dehaani*
205	蜈蚣目	蜈蚣科	蜈蚣	*Scolopendra subspinipes*
206	中腹足目	田螺科	双旋环棱螺	*Bellamya dispiralis*
207	蚌目	珠蚌科	背角无齿蚌	*Anodonta woodiana*
208	帘蛤目	蚬科	河蚬	*Corbicula fluminea*
209	鲤形目	鳅科	鳅	*Misgurnus anguillicaudatus*
210		鲤科	鲤	*Cyprinus caripio*
211			鲫	*Carassius auratus*
212			鳝鱼	*Monopterus albus*
213			草鱼	*Ctenopharyngodon idellus*
214	鲈形目	斗鱼科	圆尾斗鱼	*Bufonidae gargarizans*
215	无尾目	蟾蜍科	中华蟾蜍	*Pelophylax nigromaculata*

续表

序号	目/科		动物名称	拉 丁 名
III	其 它 动 物 类			
216	无尾目	蛙科	黑斑侧褶蛙	*Microhylidae heymonsi*
217		姬蛙科	小弧斑姬蛙	*Chinmys reevesii*
218	龟鳖目	龟科	乌龟	*Dinodon rufozonatum*
219	蛇目	游蛇科	赤链蛇	*Bufonidae gargarizans*
220			黑眉锦蛇	*Elaphe taeniura*
221			乌梢蛇	*Zaocys dhumnades*
222		蝮科	短尾蝮	*Agkistrodon brevicaudus*
223	食虫目	猬科	刺猬	*Erinaceus europaeus*
224	食肉目	鼬科	狗獾	*Meles meles*

附录5　军山自然生态区域人文景点诗文选录

明 代

象鼻石◎张元芳

崚嶒拳曲复巍峨，鼻息能令海不波。

咫尺象山天作埕，白狼南望白云多。

饮白云洞◎袁宗道

浓云起尊前，雨足森森去。

洒酒入云中，人间闻酒气。

游军山普陀别院◎孙幼登

孤刹高悬巨浸中，峰头大士普陀宫。

僧栖水府浮金钵，女散天花下碧空。

蜃结飞楼山雾紫，龙衔旭日海波红。

神州咫尺三摩地，宝筏于今路可通。

山僧供茶◎姜玉菓

老衲殷勤频供茶，雀衔石叶落杯霞。

山中长夜看明月，不怨溪边少酒家。

陟燕真人炼丹台◎卢纯学

炼丹台上赤霞明，削壁千寻返照晴。

青洞石床空剥落，紫岩瑶草自丛生。

山腰薜荔垂云影，江口寒潮带雨声。

传说至今逢夜半，月明犹自听吹笙。

同人登炼丹台◎陈大震

昔人羽化几经秋，落日来寻山更幽。

丹灶春深沿细草，白云雨散度寒流。

跻岩下瞰林间路，藉地平临海上洲。

此际得从词赋客，漫携尊酒共淹留。

过燕真人炼丹台◎钱兆贤

春日登临江上山，真人不移往人间。
白云已去成千载，丹鼎空来问九还。
吟望石门烟淡淡，坐闻洞道水潺潺。
至今留得荒台在，唯见苍苍藓色斑。

同沈嘉则游军山◎汤有光

风尘鞅掌意何为，满目青山怅梦思。
残日半江孤鸟疾，晴空万里片云迟。
青霞不动封丹灶，白浪高飞扑酒卮。
东去微茫秋一抹，扶桑隐隐入双眉。

军山◎王扬德

江心张幕俨军威，八面潮声撼钓矶。
翠壁雾屯疑豹隐，苍崖月满识犀衣。
天连呼吸堪扪斗，沙映芙蓉远棹旗。
净业只今僧近百，时宁好向问禅机。

登军山◎孙幼登

一朵青莲出水濆，凌波不与四山群。
台荒紫藓封丹灶，洞古青萝挂白云。
无复真人来炼药，虚传帝子此屯军。
临风一作登高啸，鸾鹤千群下夕曛。

登军山二◎孙幼登

危梯蹑尽觉身轻，两腋天风八翼生。
直上鸾崖擎日月，还扶羊角到蓬瀛。
潮头鲸喷千峰晦，雨脚龙垂半海晴。
地坼东南填巨石，汪澜倒泻赖长撑。

军山采樵◎卢纯学

万仞见绝壁，参差凌丹霄。
青碧眩海色，烟云自昏朝。
草树蔽幽谷，以时入采樵。
长担挟左臂，同伴相呼招。

度岭越岑径，循岩通山椒。
日落归禽急，天寒野兽骄。
涛声振落木，北风鸣枯条。
少憩危石上，短衣怯寒潮。
安得白衣使，为我开寂寥。

白都尉无咎邀同社诸子游军山◎卢纯学
朱帆画舰出沧波，落日春风海上过。
几片桃花袍色乱，五千犀甲锦幡多。
江翻雪浪鸣鼍鼓，山划晴虹拂太阿。
把酒况逢词赋客，漫裁高调入铙歌。

清代

登椒嘴石◎王猷定
朝下朴榆弯，日暮坐椒嘴。
寸步万里涛，坤维从此止。
气候异昏旦，浅淑即江底。
乃知山海情，讵能测终始。
北风捲潮来，渐见海云起。
举头瞩四山，层峦叠一指。
才回众山晔，兹山失其趾。
渺渺一帆悬，从天下江水。
坦步至前林，空山落松子。

同人登招鹤崖◎庄永最
拨土见嶙峋，崖高步出尘。
同登招鹤处，跨鹤是何人？

登蹑云蹬◎曹德南
名峦叠叠水潺潺，露重岚深石磴间。
携酒酌当花外坞，碧天云静鹤飞还。

陟白云洞◎胡公孙
有人云自来，无人云亦往。

洞与云相恬，人故为惝恍。

题刘郎路◎程文光

谁念婆心客，三年空谷留。
食唯卖赋给，工是曲衣鸠。
游屐欣平荡，吟筇僻逗遛。
应知登涉者，举步不忘刘。

步刘郎路◎孙蒲壁

险较蚕丛路，于今得坦途。
无鞭驱魂礌，有斧削崎岖。
雪后驴堪跨，花时杖可扶。
问谁开辟力，南闽有丈夫。

山中拟谒张汉槎先生时键户谢客◎凌录

云际心同落照明，孤踪宁伴此山清。
夜来怒浪垂星斗，犹避床头剑吼声。

题张公坡◎程文光

造物生正人，为国培元气。
有德复有才，文经而武纬。
出则安社稷，穷亦守礼义。
张公胜阳后，智勇能兼务。
仗剑事戎行，屡作干城寄。
方其镇崇川，竭忠以尽瘁。
天运丁阳九，一洒英雄泪。
乃遁海中山，长为绝食地。
二子挂冠随，畚锸日从事。
千秋一片坡，天地不容毁。
嗟嗟弄笔徒，面颜博富贵。
而今安在哉？九原应抱愧。

过水云窝◎王丹庆

水气上为云，云气下为水。
溟蒙烟雨时，人在水云里。

水云窝山居题壁◎刘名芳
人外悲孤鸟，三年息羽翰。
树深秋易老，山静午犹寒。
拂石安衾枕，煎泉濯肺肝。
天低江海静，云雨最无端。

水云窝书屋夜坐◎杨彤
平芜烟暗远灯明，三径传秋倍有情。
金鼎龙涎嘟夜气，银铛蟹眼动江声。
门堆落叶千村冷，山入西风万里清。
浪迹半生悉未释，水云深处剑光横。

古洞一庵题石◎丁有煜
洞一道无二，兹庵悟独真。
当年佛立地，迩日鸟窥人。
物候随时异，当情得世因。
白云泉自旧，澈骨水粼粼。

怀旭半庵幻上人◎陈关调
夜梦潮声冷，朝炊松火香。
开门只瞰海，春色在微茫。

军山白云试茶◎孙翔
左山高耸倚江濆，一勺清泉泻玉尘。
拨尽白云襟带湿，搴回丹峤露华新。
风炉活火炊枯叶，黑盏琼浆溅渴唇。
日铸龙团那有分，惟将嫩碧斗芳春。

军山歌◎李堂
军山昔在大江中，复隔不与四山通。
香林深窈窕，烟景郁青葱；
艳艳桃花峪，苍苍夹竹松。
我生已后未之见，闻说不啻蓬岛与琼宫。
一自来往浮海舠，庙议沿江尽堤封。

131

军山罹此厄，一炬烧山红。

其后安澜驰江禁，数椽复构开鸿濛。

筑室遂鳞次，植木渐丰茸。

团瓢椒嘴启灵踪。

我常带月乘清风，扁舟来渡东山东。

四面江声清肺腑，万籁俱寂天地空。

今日周回涨沙碛，潮来不听吼蛟龙。

军山宛然居陆地，青青联属互五峰。

高沙旋欲没，浅水尚留洪。

倏忽二十载，沧桑几度逢。

我不知开辟以前万古后，滔滔汩汩将安穷！

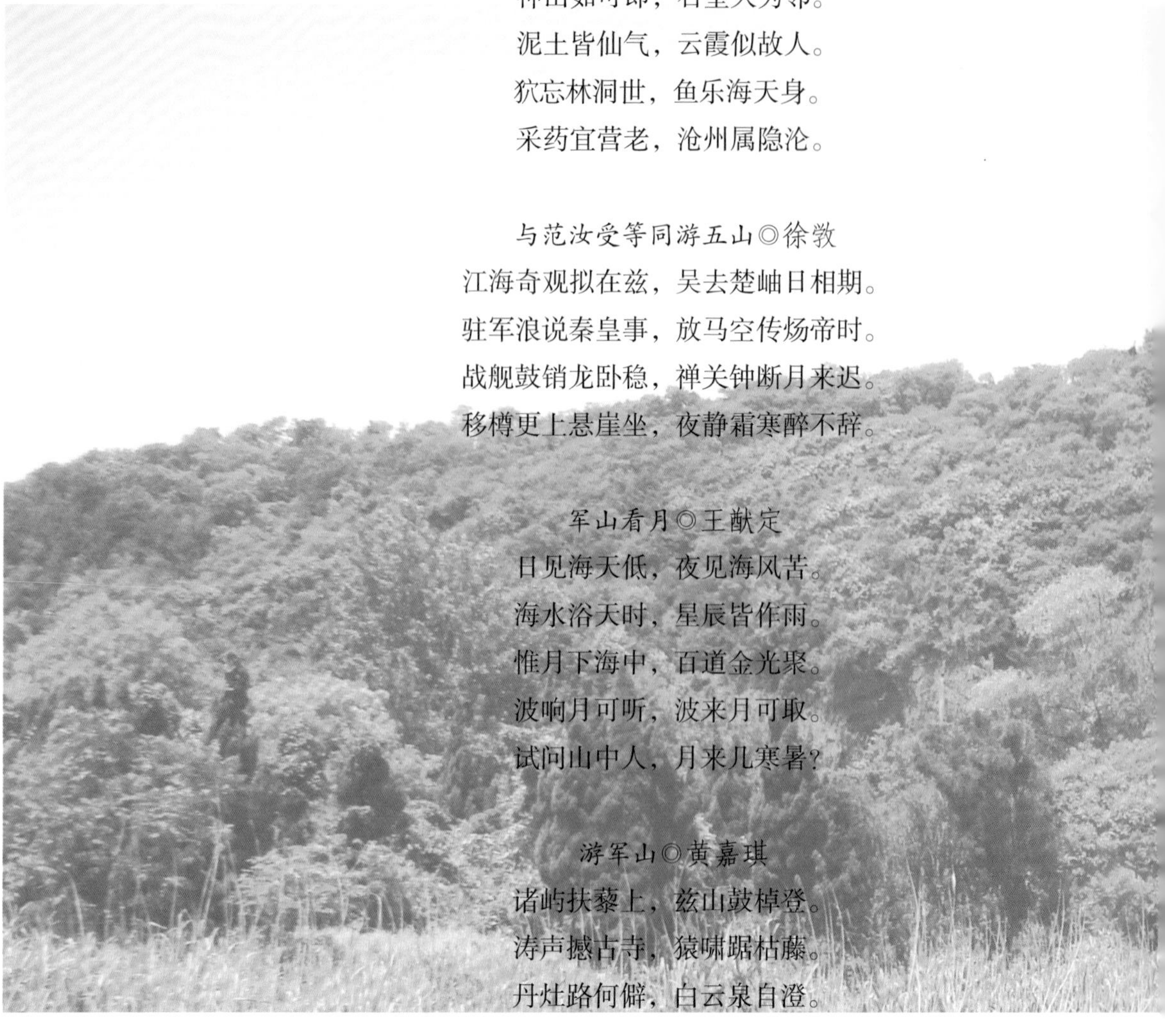

渡海游军山 ◎ 姜仟修

神山如可即，石室久为邻。

泥土皆仙气，云霞似故人。

狄忘林洞世，鱼乐海天身。

采药宜营老，沧州属隐沦。

与范汝受等同游五山 ◎ 徐敩

江海奇观拟在兹，吴去楚岫日相期。

驻军浪说秦皇事，放马空传炀帝时。

战舰鼓销龙卧稳，禅关钟断月来迟。

移樽更上悬崖坐，夜静霜寒醉不辞。

军山看月 ◎ 王猷定

日见海天低，夜见海风苦。

海水浴天时，星辰皆作雨。

惟月下海中，百道金光聚。

波响月可听，波来月可取。

试问山中人，月来几寒暑？

游军山 ◎ 黄嘉琪

诸屿扶藜上，兹山鼓棹登。

涛声撼古寺，猿啸踞枯藤。

丹灶路何僻，白云泉自澄。

神仙真窟宅，非但隐高僧。

炼丹台◎李尊亲

卖药空惭术未精，真人台畔叩金茎。

石经剥落留真性，路转欹倾见道情。

一水远看江海别，五山幻寄雨风并。

何时税驾招玄侣，坐听云中鹤背笙。

军山(时闽中刘南庐流寓于此)◎郝正绎

路益迂回境益清，笙簧到耳有泉声。

一惟逸者山居古，穷海于今不弄兵。

军山观海◎力汝谦

军山形胜自昂藏，隔江突起千丈强。

四山相向为横揖，屹嶂断绝排朱方。

层峦绝磴苦难上，刘郎窄路盘羊肠。

扶筇直蹑山之脊，波涛浍沸来汤汤。

右江左海辨云气，白黑平截如分疆。

长江万里一收束，海门赑屭回澜狂。

怒潮溯溹无常态，虎蛟水兕纷腾骧。

冯夷出鼓鲸跋浪，砏汃翸轧声铿锵。

须臾风定潮亦止，远痕一抹三山光。

螺蚌扬华聚沙汭，凫雏白鹤相翱翔。

镇日探奇兴不尽，薜萝深谷安匡床。

空山夜啸答山鬼，猿猱雕鹗争披猖。

晨曦未出山光白，红丸一线升微茫；

海水倒立日腾上，扶桑林立含青苍。

吾辈学海须到海，凡水汩隐空茫茫。

安得一游坐十日，收取灵怪恣评章。

过军山洪◎袁潞

半帆昔渡镜中天，此日平沙起爨烟。

崖崿新痕犹带水，蛟龙旧宅尽成田。

江穷苍狗多颠倒，海近银蟾易缺圆。

几度山茶湾上望，春风春雨听啼鹃。

宿水观庵◎凌录

结宇傍岩曲，云热石灶冷。

樵人止此宿，钟前发深省。

风涛泼户狂，月露临窗靓。

减寐出幽眺，身杂柏竹影。

游山茶湾◎王业

峭壁锁苍藤，危岩泻白练。

雨后看山茶，红飞霞片片。

宿卧云窟◎孙谦

才分半榻抱云眠，枕上江声石上泉。

清梦冷随疏磬度，孤怀静结老僧缘。

何来鸟漏传空谷，且听松涛落讲筵。

涤尽尘烦高卧稳，华胥有路接诸天。

游桃花峪◎胡公孙

树韵逢人醉，花情恋故枝。

为添游况古，却使落花迟。

鸟熟依笻立，山幽向客私。

春风开老眼，夭冶入新诗。

近代

苍玉笏铭◎张謇

震霹雳，坠而侧，何月日？庋以尺，修二十。

峕起立，象以笏，神所执，质特泽。

军山气象台视工◎张謇

高出狼山塔，平窥象纬天。

风云殊正变，江海极周旋。

重译来新法，孤怀企后贤。

有为端始作，所慎在几先。

山茶湾舍辞(并序，民国9年庚申)◎张謇

军山北麓故有山茶湾，自海平为陆，人迹易到，而山茶绝矣。啬翁营东林，因其坡陀建屋于上，为游时之憩。旁植竹树，层崖侧岫，悉补山茶。品取常有而易得者，冀不为人所歆，而永有于兹山也。为辞二章，所以志也。

山峦散岚殷复殷，山涧浅湍蟠复蟠。

盘陀一馆坦复坦，檀栾万杆寒复寒。

小茶花谢大茶罢，宵瘂瑶华浪诧侘。

嵽嵲假以千桠杈，花时车马家家驾。

咏五山五首(之一)·军山◎张謇

崭绝真成削，禅关兀翠微。

路蟠危壁上，石碍断云飞。

林麓顽民燹，莓苔羽客扉。

四贤祠仅在，勺水荐芳菲。

东奥山庄记[1]◎张謇

军山为南干分支，过江而北，出地蜿蜒，最隆起之终结。其势趋东而回南，若反顾长江然。故其开障独当东南面，左右峰岭冈阜相对拱峙，溪河屈曲，地丰于北。南西而夷而奥，旧名以形曰奥子圩。余为师范校林，买地辟河，四周山阿，因以弧形规奥一面；弸弱杀强，眂与奥俾半壁圆环山为田。环田为溪为河，环河为堤，堤上为外路，皆买而得，皆治而成。买之地凡一百六十亩，治而为田凡一百七十七亩四分三厘，溪与河凡七十五亩二分九厘，堤凡三十六亩七分五厘，田间之路凡八亩三分二厘。买田县官沿用之弓计，治用部定营造尺计，以尺较，赢一百三十亩七分九厘也。于林之卫，于田之获，于人之休止，皆不可无庐舍。乃营数椽为山庄，以东奥名之。而缀其崖略以为记。

---

[1] 东奥山庄位于军山东南麓，是张謇于民国八年（1919年）建成的私家别墅，占地面积有"一百七十七亩四分三厘"。因地处旧名"奥子圩"范围内，故称东奥山庄。山庄的主建筑为受颐堂，受颐堂后是倚锦楼，因傍倚军山叠锦峦而得名。山中另有外客室、亭和东奥支庙。东奥支庙是张家祭祀的场所。东奥山庄是张謇晚年休憩、会友、宴客之所，也是张謇营建的五山别墅中规模最大的一处。20世纪60年代，东奥山庄被部队所用，原建筑无存，只留下香樟、罗汉松、数棵银杏树。

倚锦楼铭◎张謇

锦何许，峦重重。

云光日影丽柏松，吾楼倚之空非空。

峦吾恶乎知其始，楼吾恶乎知其终？

当代

军山记(节选)◎袁瑞良

昔海中孤岛，今江畔青山。

绿树婆娑，摇曳于冈峦之上；

鸟语蝉鸣，悠扬于云谷之间。

军山启其灵气，诱其忘归也。

游人岂可不趁其未归往而赏之乎！

临此奇景，仙风道骨，睿智禅心，

亦不能不浮生千般遐想，萌发万种情思，

叹宇宙之奥妙，赞造化之无穷。

人生不堪与之比也。

军山之幽雅，依山之源，亦借人之力。

山无雕琢，若倩女不施粉黛；

岭无装饰，犹丽人身无锦衣。

雕增其色，饰美其姿。

色艳而景明，姿美而迷人。

故览胜景而不可忘雕饰之功。

史辖军山之官，唯王扬德是念。

册载通城之民，仅张啬公几人留名。

名心博大，不忘贤官寸功；

史笔无情，不施庸吏点墨。

跋

愿"军山自然生态区"做保育生物的"诺亚方舟"

2012年2月江苏省政府向13个省辖市下达生态文明建设工程五年任务书，明确南通等要建成国家环保模范城市和生态市。

早在1895年间，清末状元张謇针对南通独特的区域优势，开始用先进规划理念对南通进行功能定位、区域布局和建设治理，从统筹城乡发展的角度，构成了"一城三镇，城乡相间"的空间格局，确立了南通田园城市的地位，比近代城市规划先驱霍华德"田园城市"学说早三年。

如今如何"彰显个性、放大优势"，是南通城市生态文明建设的新课题。

两年前作为南通博物苑两个重点课题之一，启动了"军山自然生态区"生态调查工作，短短两年的调查，初步厘清"军山自然生态区"核心区域的物种种类，有389种植物和200多种动物，其中有6种国家重点保护植物，还有许多有优良基因的珍稀野生生物，有药用、食用、保健、工业、景观等用途的各种植物，有原始丰富的生态环境，发现有国家二级保护鸟类，隼科的红隼、灰背隼，鸱鸮科的长耳鸮等动物。

南通要建成真正的国家环保模范城市和生态市，"军山自然生态区"及其周边区域的规划建设是一个生态亮点。"军山自然生态区"区别于其它景区如濠河5A级风景区、五山景区，区别于其它公园如啬园、园博园、五里树公园、环保公园、老洪港湿地公园（将建），也区别于其它各类绿地、绿谷，如大桥道路绿地，生态绿地，单位居住区绿地，生产防护绿地，城市绿谷等等，这个区别就是它的亮点，这个亮点最大特点就在它的原生态性！如书中图片所展示的：花草藤木，绿野璘彬；鸟虫世界，千姿百态；山麓生境，原始神秘；群落生物，和谐共生；人文景点，底蕴丰厚。这里独特的自然地理环境、丰富的植物种类、原始的生态群落、类型众多的生物多样性；别具特色的人文景观。如周国兴教授所说：这里的原始状态在江海平原上具有唯一性，它具有亚热带植物区系北缘的特征，是江海平原上难得的野生生物基因库，具有作为人类自然历史遗产保护的价值。

一个有如此价值的生态亮点,何不积极培育之! 通委发〔2011〕5号文件《中共南通市委南通市人民政府关于加速推进生态市建设攻坚全面提升生态文明水平的意见》说得好:"培育生态建设亮点是生态市建设的重要组成部分。要按照国家生态市(县)创建标准,结合本地区、本部门实际,培育能全面、系统、准确反映各具特色的'典型样板、亮点工程'。各地、各部门都要围绕环境管理能力建设,发展生态工业、生态农业、生态服务业,城乡人居环境建设,生态环境修复和建设以及生态文化建设等重点内容,培育6~8个各具特色的生态建设新亮点,以充分展示全市生态市建设的显著成效。通过典型样板、亮点工程,让群众感受到生态市建设对生态环境带来的有益变化,引导广大人民群众在享受宜居生态环境的同时,更加珍爱来之不易的良好生态环境,更加自觉地参与生态环境保护。"

"军山自然生态区"的保护、规划、建设是南通城市生态文明建设的现实载体! 植物环境是人类产生和赖以生存的条件。植物和人类的物质生活与精神生活有着密不可分的关系,因此植物本身就是人类文明载体的一部分。高级的文明必然伴随着优美的园林。尤其是在具有较长历史的植物园、"自然生态区"里,那些具有悠久历史的植物、人文景点,大都包含着文化内涵。各种花文化、植物文化已经是人们十分熟悉的内容,而植物园、"自然生态区"则往往有珍贵、古老植物实体和环境,为它的展示提供了更为优越的条件。植物园、"自然生态区"将成为启迪人们思维和伦理观念的重要场所。其优雅环境是上自国家元首、下至平民百姓理想的社交园地。人与自然和谐共存的模式,需要植物园、"自然生态区"的研究和导向。"军山自然生态区"需要保护、规划、建设、展示、研究、利用、科普。

好在有周国兴教授这样的学者,拳拳家乡情,悠悠自然心,多年不懈的呼吁;有开明的各级领导,关注资源与环境的协调可持续发展,注重建立环境友好型和资源节约型社会,"军山自然生态区"没有过度开发,基本得以保护;有博物苑课题组等人员的共同努力,《神秘的山麓——"军山自然生态区"调查报告》得以顺利完成,并付梓出版。其间,除课题组列入名单的成员外,还有南通农业职业技术学院园林园艺系的许多老师同学也参与了部分工作,还有南通市农委、绿化管理处的同行、南通市规划局、南通市文广新局有关领导给以的支持，苑学术委员会领导金艳的付出，还有苑学委办黄金、资料室沈倩等等，在此一并致谢！

"军山自然生态区"调查工作虽然取得了阶段性的研究成果，然而和谐社会建设是一个持久而漫长的过程，南通要建成国家环保模范城市和生态市，作为和谐社会建设的一部分，要做的工作还很多。南通尽管已获得"国家园林城市"的称号，但还是欠账很多，欠缺不少，机构不全，人才不精。城市绿化景观、生态景观越来越赶时髦，越来越西化和洋化，越来越远离中国古典园林天人合一、道法自然、含蓄隽永和诗情画趣的观念；使得传统文化越来越处下风，弃旧趋新妨碍了对中国传统文化和学养的传承，再加上一味盲目刻意地对立体多层次的景观效果的追求，规划和建设的绿化景观、生态景观的效果就可想而知了。其实，对于传统与创新，古人也是开明主义者。朱熹在《鹅湖寺和陆子寿》中就有"旧学商量加邃密，新知培养转深沉。却愁说到无言处，不信人间有古今"的诗句；清末状元、实业家张謇"不薄今人爱古人"，自觉地、创造性地建设、经营城市的博物态度，早就为后人树立了榜样。在急功近利变为社会价值标准的时代，绿化景观、生态景观的规划建设趋于媚俗化、物质化、科技化，无视高妙意境的诠释。许多绿化景观往往有优雅之名无优雅内涵；地域特色淡化，原有的生态人文景观退化或湮灭。绿化景观、生态景观的意境消解，精髓缺失。绿化景观、生态景观建设以快代慢，"重实轻虚"。南通与全国200多个地级市中183个规划建设国际大都市一样，在"土地的"城市化进程中，城市绿化、生态景观建设也是以快代慢，无视植物生命规律。由慢变快的发展速度，使人们越来越浮躁，直接影响了对天人合一、道法自然、含蓄隽永和诗情画趣的精神追求与社会践履。

面临新一轮的规划和发展浪潮，南通的国家环保模范城市和生态市建设要按照"科学发展观"的要求，切实解放思想、转变思路；高度重视环境保护和生态保护，注意人与自然的和谐共处，以超常规的方式为人民高质量制定长期稳定的城市绿地系统生态景观的规划设计。作为一个城市自然生产力的主体，城市生态系统是城市建设的核心，应该贯穿城市规划建设经营的全过程。南通有"云头，雨足，美人腰"的美誉与特点的中国七大盆景流派之一"通如派"盆景;张謇按照"一城三镇"思想布局的狼山花园私宅、风景休闲区之"林溪精舍"、"葵竹山房"

等景点是宝贵的历史园林遗产（“通如派”盆景技艺非物质文化遗产）、遗迹。南通有“中国近代第一城”的荣称，有诸多全国第一，应该在全国甚至全球范围内寻找自己的战略发展道路与定位，创造自己的“植物差异”、“景观差异”、“文化差异”、“功能差异”和整体性“价值差异”。“军山自然生态区”建设要以“科学的内涵、艺术的外貌、文化的底蕴”为建设理念进行个性建设的差异化定位，这是城市自然生产力发展的资本和动力。在差异化发展中寻找到自己的价值观，在差异化地域理念定位与发展中找到自己的城市哲学。在全球一体化中创新自己城市特有的“绿地模式”、“生态模式”和“文化模式”。创造一个真正具有“江风海韵”、适宜人居的“泛森林化”、“泛公园化”、“泛田园化”的“环保模范城市和生态市”。

愿《我爱大自然》优美的歌声如愿！

绿荫里　草坡上
让我胸襟一再展
抛开了心底倦
让我走向大自然
在灿烂阳光里面　看风筝慢慢转
山光水色美而秀　愿美丽莫污染
…………
在美丽林荫深处　鸟声在慢慢转
山水之间种灵气　愿清新莫改变
看这里树秀花妍　逸趣天然
这美丽愿永远

愿“军山自然生态区”做保育生物的“诺亚方舟”：

让 诺亚方舟 航向了 海平线
让 诺亚方舟 航向了 换日线
让 诺亚方舟 航向了 天际线
让 诺亚方舟 航向了 无限

特别提醒：
限于水平，书中错误在所难免，恳望批评与指正，一定感谢！
纸质意见可寄：南通市濠南路19号
电子信函可邮：ntjscaoyuxing@163.com
另外QQ：1149367648，
TEL：85062505，13862976068

编者
2012年12月20日